你不可不知的

NI BUKE BUZHI DE SHIWAN GE DIQIU ZHI MI

十万个地球之谜

禹田 编著

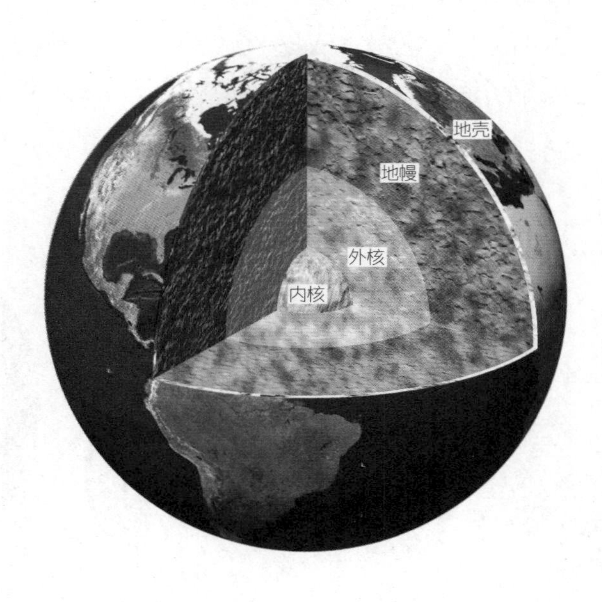

云南出版集团 晨光出版社

前 言

PREFACE

在这个充满谜团的世界上，有许多知识是我们必须了解和掌握的。这些知识将告诉我们，我们生活在怎样一个变幻万千的世界里。从浩瀚神秘的宇宙到绚丽多姿的地球，从远古生命的诞生到恐龙的兴盛与衰亡，从奇趣无穷的动植物王国的崛起到人类——这种高级动物成为地球的主宰，地球经历了沧海桑田，惊天巨变，而人类也从钻木取火、刀耕火种逐步迈向机械化、自动化、数字化。社会每向前迈进一小步，都伴随着知识的更迭和进步。社会继续往前发展，知识聚沙成塔、汇流成河，其间的秘密该如何洞悉？到了科学普及的今天，又该如何运用慧眼去捕捉智慧的灵光、缔造新的辉煌？武器作为科技发展的伴生物，在人类追求和平的进程中经历了怎样的发展变化？它的未来将何去何从？谜团萦绕，唯有阅读可以拨云见日。

这套定位于探索求知的系列图书，按知识类别分为宇宙、地球、生命、恐龙、动物、人体、科学、兵器 8 册，每册书内又分设了众多不同知识主题的章节，结构清晰，内容翔实完备。另外，全套书均采用了问答式的百科解答形式，并配以生动真切的实景图片，可为你详尽解答那些令你欲知而又不明的疑惑。

当然，知识王国里隐藏的秘密远不止于此，但探索的征程却会因为你的阅读参与而起航。下面，快快进入美妙的阅读求知之旅吧，让你的大脑来个知识大丰收！

目 录

CONTENTS

第一章 地球的世界

第二章 地球上的陆地

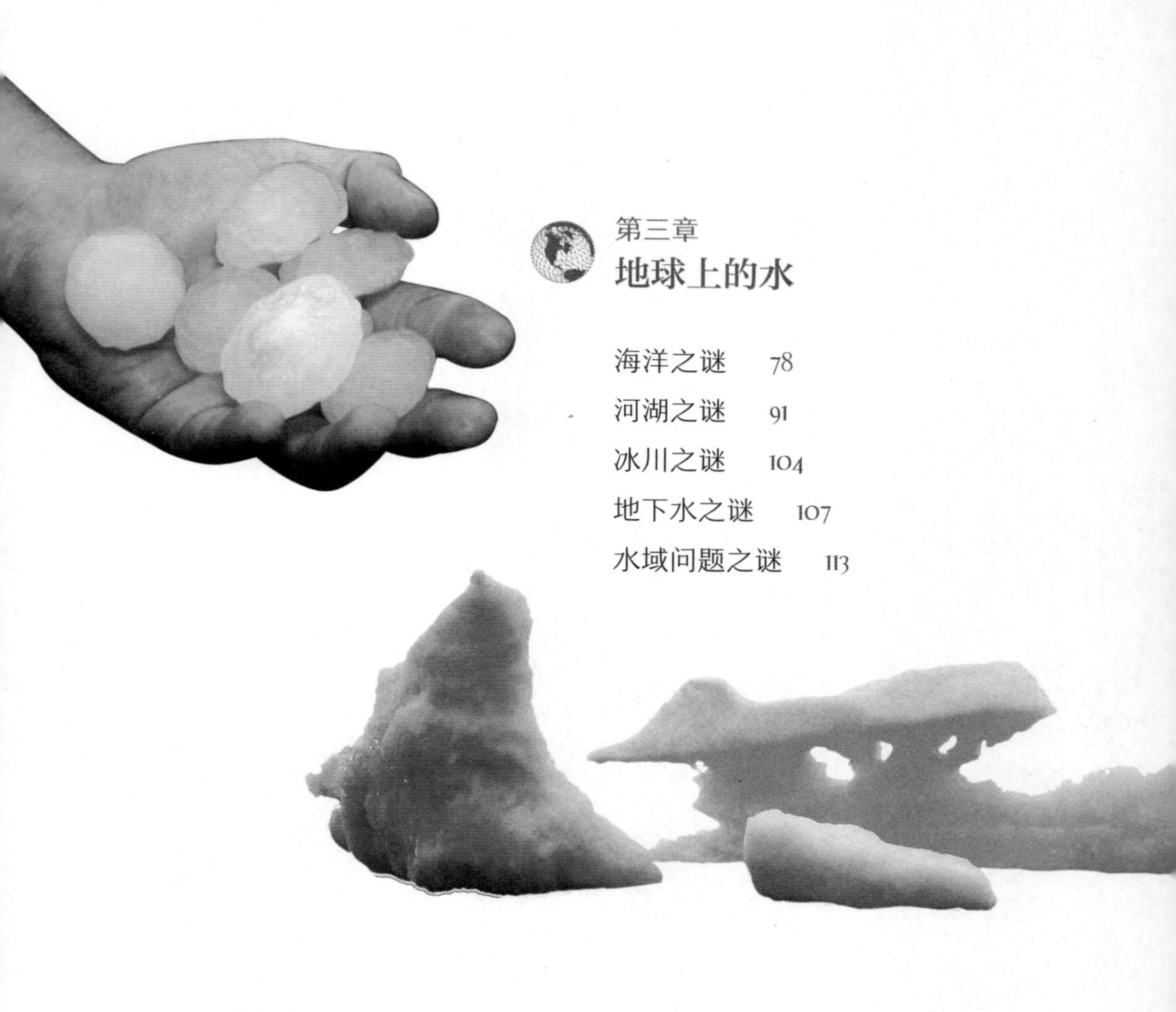

第三章

地球上的水

第四章

地球上的大气

第一章

地球的世界

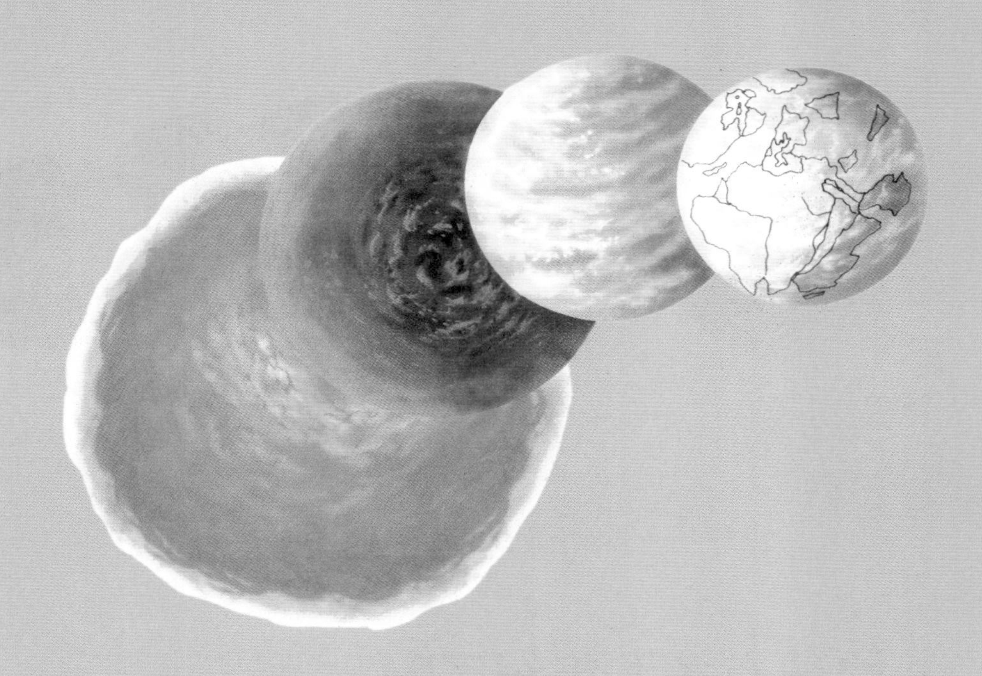

在人类文明的初期，所谓的宇宙真是小得可怜。人们认为，大地是一个大扁盘，四面环绕着海洋，大地就在这洋面上漂浮。大地的下面是深不可测的海水，上面是天神的住所——天空。这个扁盘的面积足以容纳当时已知的所有地方。它包括了地中海、濒海的部分欧洲和非洲，还有亚洲的一小块；大地的北部以一脉高山为界，夜间太阳就在山后的“世界洋”海面上休憩。

——〔美〕伽莫夫《地球有多大》

地球构造之谜

1 地球是如何形成的？

关于地球的形成，科学家提出了好多种设想，例如：在几十亿年前，地球和宇宙中的其他星球同时由太空中的灰尘和气体凝聚而成；地球是一颗恒星的一部分，这部分物质被太阳强大的引力吸出来，构成了地球；地球是由一颗恒星爆炸形成的。然而，这些理论尚不成熟，因此地球的成因至今仍是一个探索中的谜。

初生的地球在继续旋转和凝聚的过程中，由于本身的凝聚收缩和内部放射性物质（如铀、钍等）的衰变生热，温度不断增高，其内部甚至达到炽热的程度，于是重物质就沉向内部，形成地核和地幔，较轻的物质则分布在表面，形成地壳。初形成的地壳较薄，而地球内部温度又很高，因此火山爆发频繁，从火山喷出的气体，构成了地球的还原性大气。

2 地球有多大年纪了？

早在人类出现之前，地球就已经存在了，因此要弄清地球的确切年龄就必须借助其他手段。科学家们依据地球内部放射性元素衰变的情况来计算，估算出地球的年龄在 45 亿 ~ 46 亿年。这和人的年龄相比，简直是个天文数字。

原始地球内部所具有的高温，是由于星云物质碰撞产生的热，以及地球内部放射性元素衰变产生的热造成的。这一时期地球内部蕴藏着丰富的短半衰期的放射性同位素，它们产生大量热能。原始地球不断增温，在其内部某个深度上首先达到物质发生熔融的程度，物质开始按比重分异、沉淀、累积，直至地球的分层结构出现。图为今日的地球面貌。

3 原始地球是什么样的？

原始地球内部非常热，物质都呈熔融状，因此火山爆发频繁。从火山喷出的气体构成了原始大气，它们升到空中形成浓厚的云层。同时喷出的大量水蒸气又因变冷而凝结成水，以雨的形式降下，雨水在地表汇集成了原始海洋。

4 早期的大陆是怎样形成的？

地球刚形成的时候，地面的高度基本上是差不多的，几乎全被原始海洋覆盖着。后来，随着地球不断冷却，地球表面变得凹凸不平，并发生了破裂。于是，地球内部不断有岩浆沿着裂缝喷涌而出。这些岩浆越堆越高，逐渐形成了岛屿。岛屿和它周围的物质构成了早期的大陆。今天的陆地分布就是从早期的大陆发展而来的。

5 地球具有什么样的结构特点？

整个地球并不是一个均质体，而是具有明显的圈层结构，每个圈层的成分、密度、温度等要素都各不相同。地球由外部圈层和内部圈层两大部分构成，其中外部圈层包括大气圈、水圈和生物圈，内部圈层包括地壳、地幔和地核三部分。

6 地球的“内心”什么样？

人们用间接法对地球深层进行了探索，发现越往里温度越高，压力越大，物质也越紧密。人们还发现，地球内部的结构好似鸡蛋：最外面的地壳好比蛋壳，是一层坚硬的岩石外壳；中间的地幔好比蛋清，是地球的主体部分；最里面的地核好比蛋黄，是地球的核心部分。

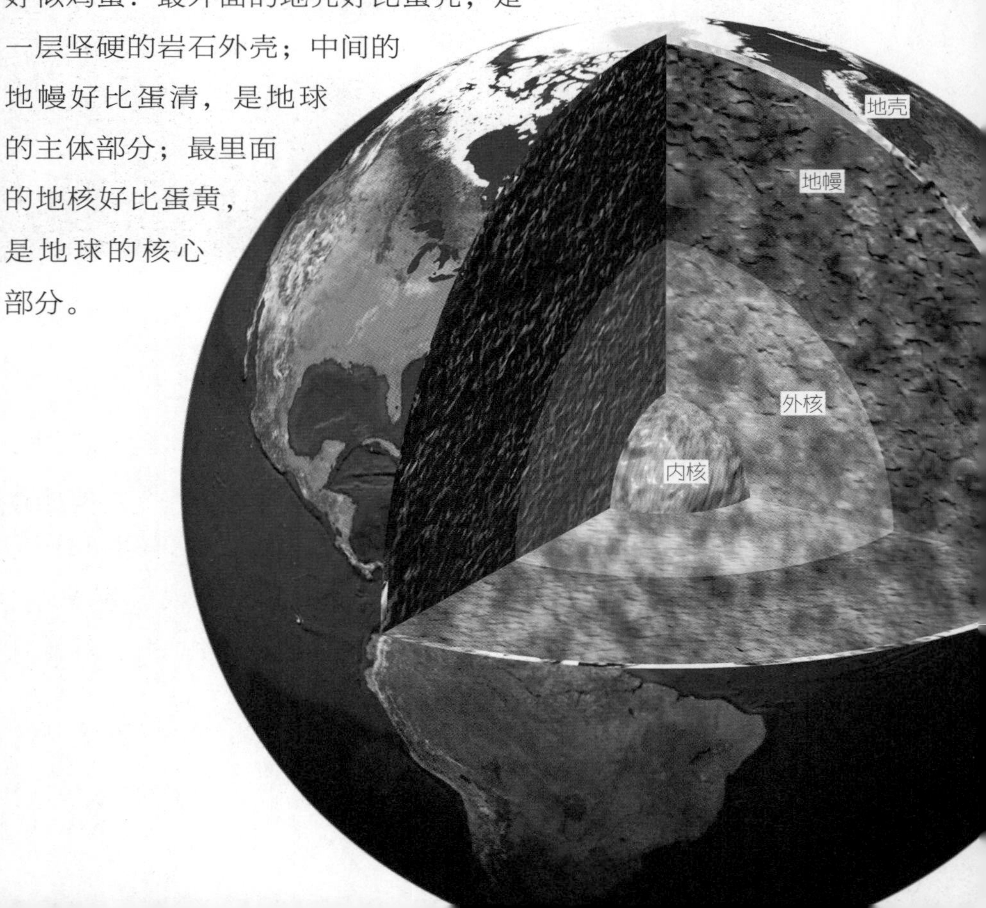

7 为什么地壳的年龄不等于地球的年龄？

在地壳形成之前，地球就已经形成了。地壳在很长一段时间内处于熔融状态，这段时间大概持续了 15 亿年左右，也就是说真正意义上的地壳，它的年龄应该是 30 多亿岁。

8 地壳是由什么组成的？

地壳很薄，只占地球体积的 0.5％，但各部分的物质组成并不相同。地壳上部主要由比重较轻的花岗岩组成，主要成分是硅、铝元素，因此又称硅铝层；下部主要由比重较重的玄武岩组成，主要成分是镁、硅元素，所以又称硅镁层。此外，地壳表层还有一些厚度不大的沉积岩、沉积变质岩和风化土。

9 地壳在各地的厚度都一样吗?

地壳的厚度在地球各处是不同的。整个地壳平均厚约 17 千米，其中大陆地壳较厚，平均 33 千米，高山、高原地区地壳可厚达 70 千米。大洋地壳远比大陆地壳薄，厚度只有几千米。

10 地幔有多厚?

地幔是位于地壳和地核之间的圈层，厚度约为 2865 千米，体积约占地球总体积的 82%，质量约占地球总质量的 68%。地幔也是分层的，上层与地壳相连，叫上地幔；下层与地核相连，叫下地幔。其中，位于上地幔上部的软流层，是岩浆的发源地。

11 地核分层吗？

地核主要由铁和镍组成，分内外两层，外层是液态物质，范围从地下 2800 千米到 5100 千米处，称为外核；内层是固体物质，范围从地下 5100 千米处到地心，称为内核。

12 地球的“体温”是多少？

地球的温度，总的来说是越深越高。在地下 400 千米范围内，地温接近岩石熔点。再往下到了地幔底部，温度高于岩石熔点。继续向下，地温应该高于 2480℃。地球的内核温度最高，达到了 5000℃以上。

13 地球的密度是多少？

地球的各个层是由不同物质构成的，密度是由外向内逐渐增加的。地表岩层的密度为 2.7~2.8 克 / 立方厘米，地核则为 17.2 克 / 立方厘米。地球的平均密度为 5.518 克 / 立方厘米。

14 地球为什么有磁场？

地球存在磁场的原因目前还无法确定，普遍认为是由地核外层的液态铁流动引起的。地球核心物质在高温高压下变成自由电子，自由电子朝着压力较低的地幔运动，使地核处于带正电状态，地幔处于带负电状态，而地球自转会造成地幔负电层旋转，旋转的电场产生磁场，于是形成了较稳定的地球磁场。地球的磁场也像磁铁一样有两极，叫磁极。

15 磁极和地极是一个点吗？

地球有了磁极，我们才能用指南针辨别出方向来。但是磁极和地极并不是一个点，而且磁极的位置也不是保持不变的。南、北磁极的位置，在漫长的地质历史上曾发生过多次对调。目前，磁极在距地极大约2000米远的地方，磁南极在地理北极附近，磁北极在地理南极附近。

地球探索之谜

16 是谁证明了地球是圆形的？

在很早以前，古希腊人就断定大地是圆的，但是没有充足的证据。1519年9月，葡萄牙人麦哲伦带领了一支船队从西班牙出发，一直向西航行，经过了三年的时间又回到了西班牙。这是人类第一次环球航行，同时也证明了地球是圆的。

17 人们是怎样知道地球总面积的?

古希腊学者埃拉托色尼用测量的方法推算出了地球的大小。他利用两个不同地点，在相同的时间内，通过测量太阳光射到地面的角度，求出地球的圆周为 25 万斯台地亚（古埃及长度单位），相当于 39816 千米。以后的科学家利用这种方法算出，地球的平均半径为 6371.2 千米，总面积大约是 5.1 亿平方千米。

18 大地是拼在一起的吗?

如今的陆地在一些研究者看来，就好像拼图一样，是一块块拼在一起的，他们把每个独立的单元称为板块。这就是“板块构造学说”理论的内容，它将地壳划分为六大板块：太平洋板块、亚欧板块、非洲板块、美洲板块、印度洋板块（包括大洋洲）和南极洲板块。这一理论能有效解释现在海陆分布的成因。

德国科学家魏格纳于1915年发表了《大陆与海洋的起源》这一著作，文中提出了“大陆漂移学说”。后来，人们在他的学说基础上提出了“板块构造学说”。

19 陆地会移动吗?

根据“板块构造学说”的理论，大地是会移动的。该学说认为，在大约3亿年前，地球上存在一个“泛大陆”(就是连成一片的大陆)。后来在地球自转离心力和天体引潮力的作用下，泛大陆开始分离并发生漂移，逐渐形成了现代的海陆分布。

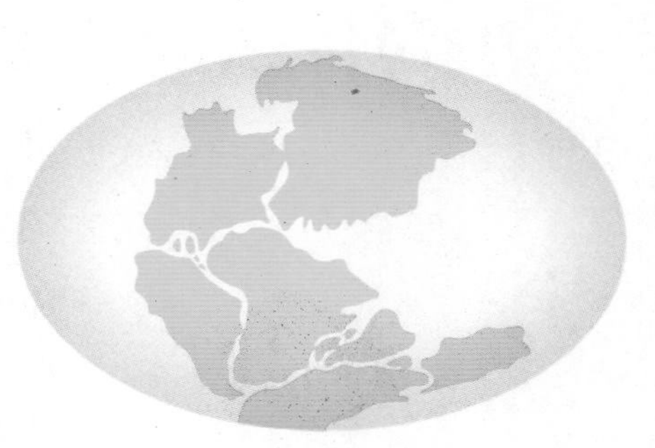
3亿年前

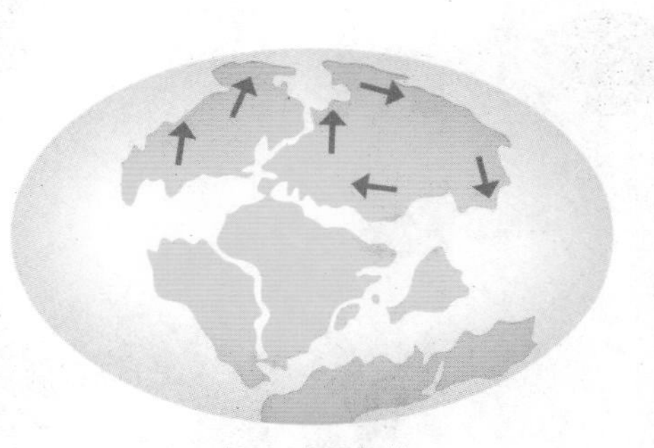
1亿3500万年前

20 生活在地球另一边的人为什么不会掉下去?

地球是一个悬浮在茫茫太空中的圆球体，它能产生一种把人及地球表面的一切物体都向地心拉的吸引力。无论处在地球的哪个位置上，这种吸引力的方向都是朝向地心的，因此生活在地球另一边的人虽然看上去是倒立着的，却不会掉下去。

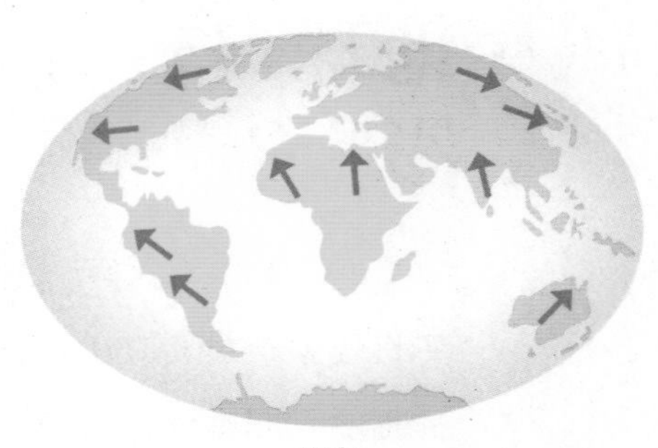
现在

21 为什么说“坐地日行八万里”？

“坐地日行八万里，巡天遥看一千河”，这是毛泽东《送瘟神》中的诗句，这句诗是有一定道理的。地球直径约12500千米，将它乘以圆周率3.14，就可得出赤道周长约4万千米，即8万里。这是地球自转一圈的里程，就算我们不动，也会跟着地球一起转过8万里。

22 地球自转对地球造成了什么样的影响？

地球自转的影响是多方面的，主要体现在：产生了昼夜交替的现象；地球的形状被甩成了中间略鼓的椭球体；赤道重力加速度稍低于两极；产生地转偏向力，使北半球的河流南岸、南半球的河流北岸被河水冲刷得更厉害；影响到了大气环流，使气压带出现。

23 地球自转一周是一天吗？

天文学家经过观察发现，地球自转一周的时间是 23 小时 56 分钟，与地球上的一天相差 4 分钟。也就是说，当地球自转了一周多一点，才能等于我们日常生活中一天的时间——24 个小时。

24 经纬线是怎么划分的？

假设穿过地球的中心，有一根连接南北极的线，我们给它起名叫地轴。在地轴一半的地方作一个和地轴垂直的平面，这个平面和地球表面相交的线就是赤道。和赤道平行的线，包括赤道在内，叫纬线；连接南极和北极之间的线就叫经线，也叫子午线。

25 南、北两个半球以什么来划分？

赤道是划分纬度的基础，纬度为 0°，是地球上最长的纬线，距离南北两极的距离相等。它把地球分为南北两个半球，赤道以北是北半球，赤道以南是南半球。

26 什么是本初子午线？

本初子午线又叫 0° 经线或起始经线。从这条经线开始向东、西各分 180°，这条线以东的经度称为东经，以西的经度称为西经。本初子午线不但是 0° 经线，也是世界时区的起点。

英国格林尼治天文台的本初子午线标志。

27 什么是南、北回归线？

回归线是指地球上赤道以南和以北纬度为 23° 26′ 的纬线，北纬 23° 26′ 的纬线叫北回归线，南纬 23° 26′ 的纬线叫南回归线。太阳直射的范围限于这两条纬线之间，所以这两条纬线被称为回归线。

我国广州市从化区有个闻名的北回归线标志塔。

28 为什么说南、北极圈内很特殊?

地球上南、北纬 66° 34′ 的两条纬线圈，在南半球的叫南极圈，在北半球的叫北极圈。在北极圈以内地区，夏季里会有日数不等的极昼（一整天都是白天），冬季里则有日数不等的极夜（一整天都是黑夜）。在南极圈以内地区，这一现象正好相反。极昼和极夜只在南、北极圈内才有，所以说这里很特殊。

极昼和极夜是极圈内特有的自然现象，这种特殊的自然现象是地球沿着倾斜的地轴自转所造成的结果。

29 南、北两极是怎样确定的?

南、北两极是地球上的两个端点，它们是假想的地球自转轴即地轴与地球表面的两个交点。对着北极星的那一极叫北极，相对的那一端是南极。由于地球是绕着地轴旋转的，所以两极是地球表面上仅有的两个不动点，也是地球上所有经线汇集的地方。

30 地球上的方向是如何确定的？

地球上的方向是由地球自转确定的。人们根据地球自转方向来确定东、西方向：顺着地球自转的方向是东，逆着地球自转的方向是西。地球绕着地轴自转，地轴的两端叫两极。如果在地轴一端的上空看地球自转的方向，逆时针的一端就是北极，顺时针的一端就是南极。地球上一切向着北极的方向叫北，一切向着南极的方向叫南。

31 日期是如何计算确定的？

地球上的日期是根据位于太平洋中 180° 经线上的国际日界线计算的。这条线上的子夜，即地方时间零点，为日期的分界时间。按照规定，从东向西越过这条界线时，日期要加一天；从西向东越过这条界线时，日期要减去一天。

32 为什么国际日界线不是直的？

为避免在一个国家中同时存在两种日期，国际日界线实际并不是一条直线，而是折线。它北起北极，通过白令海峡、太平洋，直到南极。这样，日界线就不会穿过任何国家。

33 时差是怎样产生的？

世界各个国家位于地球的不同位置上，而地球总是自西向东自转，东边总比西边先看到太阳，因此不同国家的日出、日落时间必定有所偏差。这些偏差就形成了所谓的时差。

34 国际上常用的区时是如何设定的?

为了克服时间上的混乱，国际上将全球划分为 24 个时区，分别是中时区（0 时区）、东 1~12 区、西 1~12 区。每个时区横跨经度 15°，时间正好是 1 小时。每个时区的中央经线上的时间就是这个时区内统一采用的时间，称为区时。

35 公历是一种什么样的历法?

如今世界通行的公历是一种阳历（阳历是太阳历的简称），即以地球绕太阳公转的运动周期为基础制定的历法。在公历中，一年有 12 个月，平年 365 天，闰年 366 天，每 4 年一闰，每 100 年少闰一次，到第 400 年再闰，即每 400 年中有 97 个闰年。

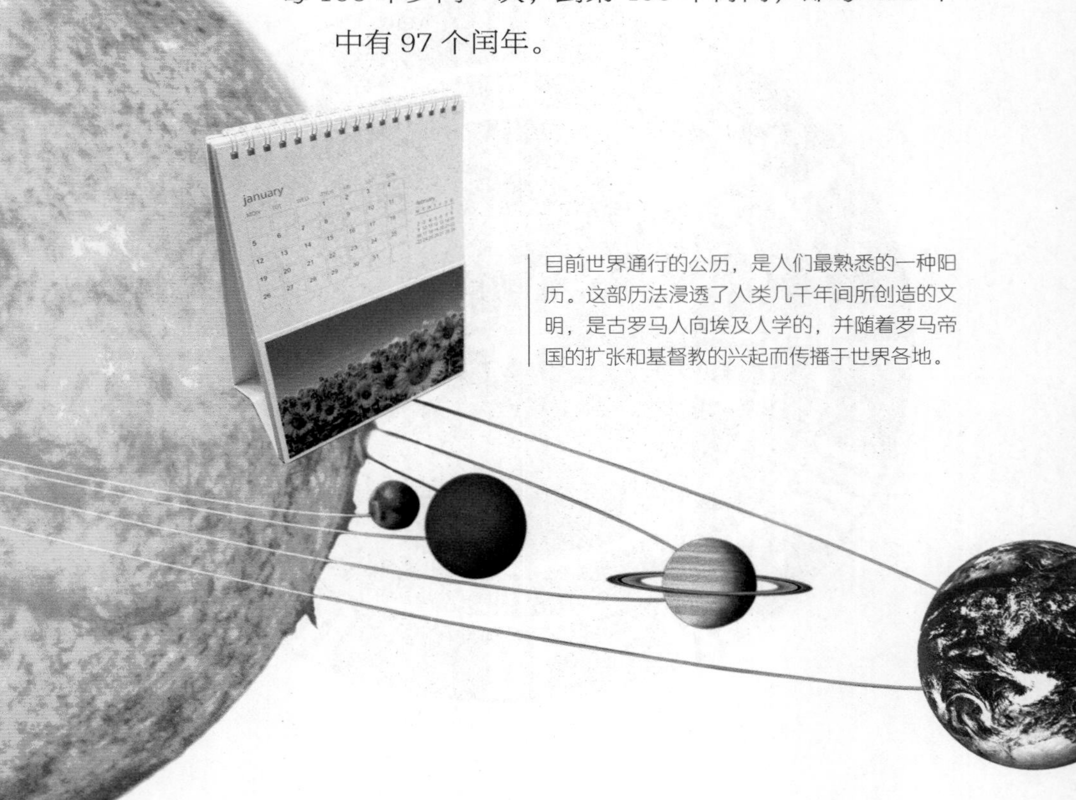

目前世界通行的公历，是人们最熟悉的一种阳历。这部历法浸透了人类几千年间所创造的文明，是古罗马人向埃及人学的，并随着罗马帝国的扩张和基督教的兴起而传播于世界各地。

36 农历和阴历是一回事吗？

一月

日	一	二	三	四	五	六
				1 初六	2 初七	3 初八
4 初九	5 小寒	6 十一	7 十二	8 十三	9 十四	10 十五
11 十六	12 十七	13 十八	14 十九	15 二十	16 廿一	17 廿二
18 廿三	19 廿四	20 大寒	21 廿六	22 廿七	23 廿八	24 廿九
25 三十	26 正月	27 初二	28 初三	29 初四	30 初五	31 初六

二月

日	一	二	三	四	五	六
1 初七	2 初八	3 初九	4 立春	5 十一	6 十二	7 十三
8 十四	9 十五	10 十六	11 十七	12 十八	13 十九	14 二十
15 廿一	16 廿二	17 廿三	18 雨水	19 廿五	20 廿六	21 廿七
22 廿八	23 廿九	24 三十	25 二月	26 初二	27 初三	28 初四

五月

日	一	二	三	四	五	六
					1 初七	2 初八
3 初九	4 初十	5 立夏	6 十二	7 十三	8 十四	9 十五
10 十六	11 十七	12 十八	13 十九	14 二十	15 廿一	16 廿二
17 廿三	18 廿四	19 廿五	20 廿六	21 小满	22 廿八	23 廿九
24 五月	25 初二	26 初三	27 初四	28 初五	29 初六	30 初七
31 初八						

六月

日	一	二	三	四	五	六
	1 初九	2 初十	3 十一	4 十二	5 芒种	6 十四
7 十五	8 十六	9 十七	10 十八	11 十九	12 二十	13 廿一
14 廿二	15 廿三	16 廿四	17 廿五	18 廿六	19 廿七	20 廿八
21 夏至	22 三十	23 润五月	24 初二	25 初三	26 初四	27 初五
28 初六	29 初七	30 初八				

九月

日	一	二	三	四	五	六
		1 十三	2 十四	3 十五	4 十六	5 十七
6 十八	7 白露	8 二十	9 廿一	10 廿二	11 廿三	12 廿四
13 廿五	14 廿六	15 廿七	16 廿八	17 廿九	18 三十	19 八月
20 初二	21 初三	22 初四	23 秋分	24 初六	25 初七	26 初八
27 初九	28 初十	29 十一	30 十二			

十月

日	一	二	三	四	五	六
				1 十三	2 十四	3 十五
4 十六	5 十七	6 十八	7 十九	8 寒露	9 廿一	10 廿二
11 廿三	12 廿四	13 廿五	14 廿六	15 廿七	16 廿八	17 廿九
18 九月	19 初二	20 初三	21 初四	22 初五	23 霜降	24 初七
25 初八	26 初九	27 初十	28 十一	29 十二	30 十三	31 十四

农历和阴历不是一回事。阴历是单纯根据月亮圆缺的周期制定的，一年12个月，计354天，并规定30年内增加11个闰日。农历以月亮圆缺的周期来定月，又设置闰月，使年的平均长度与回归年（365日5小时48分45.5秒）相近，兼有阴历月和阳历年的性质，因此是一种阴阳历。

37 你了解二十四节气吗？

二十四节气是我国传统农历的一部分，分别为立春、雨水、惊蛰、春分、清明、谷雨、立夏、小满、芒种、夏至、小暑、大暑、立秋、处暑、白露、秋分、寒露、霜降、立冬、小雪、大雪、冬至、小寒、大寒。当太阳直射北回归线时，就是夏至；直射南回归线时，就是冬至；中间两次直射赤道，分别是春分和秋分。将上述春分－夏至－秋分－冬至4段中的每段再细分出6段，每段间隔约15天左右，就有了全年的24个节气。

第二章

地球上的陆地

我们脚下这片错落起伏的大地，并非千年一面，相反，它时刻经受着地壳运动的作用，在久远的地质历史上曾发生过巨变。过去，人们总是把亘古不变的事物喻为坚如磐石，然而现在的科学研究表明，岩石不但处在不断成长之中，而且处在持续变化之中。正是这种此消彼长的力量，才使山峦不致很快消失，大地不会被海洋所覆没！

38 七大洲有多大？

地球上有 6 个巨大的陆块——欧亚大陆、非洲大陆、北美洲大陆、南美洲大陆、澳大利亚大陆和南极洲大陆，每个大陆周围还有许多岛屿。于是，人们将大陆与它周围的岛屿合称为“洲”。全球共划分出七大洲，按面积大小依次为亚洲、非洲、北美洲、南美洲、南极洲、欧洲、大洋洲。七大洲的总面积约为 14953 万平方千米，占全球总面积的 29%，其余的都是海洋。

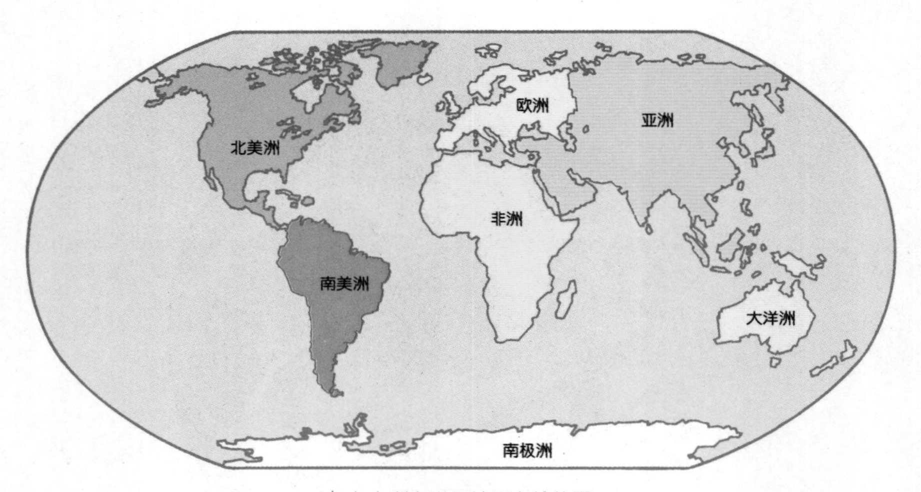

七大洲在世界地图上的位置

39 陆地大致是怎样分布的？

地球上除了南极大陆以外，所有的大陆几乎都是南北对称分布的。北美洲和南美洲对称；欧洲和非洲对称；亚洲和大洋洲对称。南极大陆虽然没能和另外的大陆对称，但是却和北冰洋对应，分布在两极。

40 为什么我们看到的大地是平的？

地球是球形的，可是我们却看不出来它是球形，还曾以为它是平的。这是因为地球是个巨大的球体，人站在上面非常渺小，人的肉眼最多只能看到 10 千米内的景物，在这个范围里人眼感觉不到地球的弧线，所以误认为大地是平的。

41 陆地表面千姿百态的面貌是怎样形成的？

陆地表面起伏不定，分布着众多河流、湖泊、山脉、高原、丘陵、平原、盆地和沼泽。这些地表并不是自古就有的，而是在自然界各种力的作用下，经过不断地运动和变化，被一点点改造出来的。直到今天，陆地上的这些变化仍在继续。

42 陆地上最高和最低的地方分别在哪里？

陆地上最高的地方是喜马拉雅山的主峰——珠穆朗玛峰，它位于亚洲中部的青藏高原上，海拔 8848.86 米。陆地上最低的地方是死海，它位于亚洲西南边缘，水面海拔约 -430 米。

43 什么是高原？

高原是海拔在 500 米以上、面积较大、顶面起伏和缓、周围常成陡坡的高地。高原以较大的高度区别于平原，又以相对高度小而有别于山地。

44 世界上最大的高原在哪里?

如果不考虑南极洲的冰雪大高原，世界上最大的高原是位于南美洲境内的巴西高原，面积达 500 多万平方千米，是青藏高原的两倍。它的地势南高北低，起伏平缓，大多在海拔 600 ~ 800 米之间，被称为“桌状高地”。

45 青藏高原为什么被称为“地球的第三极”？

这是因为青藏高原是世界上最高的高原，平均海拔在 4000 米以上，不仅拥有世界第一高峰——珠穆朗玛峰（海拔 8848.86 米）、第二高峰乔戈里峰（海拔 8611 米），还囊括了全世界 14 座 8000 米以上的山峰中的 5 座，所以人们很形象地称它为“地球的第三极”。

46 为什么说黄土高原很独特？

黄土高原是地球上独一无二的被厚厚的黄土所覆盖的高原，土层厚度 50~80 米，最厚处可达 200 米。除少数石质山地外，高原大部分被厚层黄土覆盖。黄土层很疏松，经流水一侵蚀，便形成了这里独有的沟壑纵横的地貌，塬、梁、峁（mǎo）景观广布。

47 表达高山和高原的高度时为什么都用海拔？

海拔是指以平均海水平面作标准的高度。而平时我们说山和高原的高度时，都是以海平面为标准，它们的高度都是超过海平面的垂直距离。如果一座山海拔 1000 米，那么就意味着这座山超过海平面的垂直距离是 1000 米。

48 什么是山地?

山地通常坡度和高度差较大，凸出于平原或台地之上，呈连绵起伏状，海拔在 500 米以上，相对高差在 200 米以上，多由山岭或谷地组合而成。山地是大陆的基本地形，分布十分广泛，以欧亚大陆和南、北美洲大陆分布最多。

49 什么是山脉?

在地球表面，成群连片的山组成了山地。其中具有明显的走向、形状，呈线状延伸的山地，我们称之为山脉。很多山脉就像地理分界线一样，纵横交错地分布在大地上。山脉的形状很像树叶的叶脉，所以人们又形象地称它为“大地的骨架”。

50 山是怎样形成的?

山形成的原因很多，有的是因为火山爆发，由岩浆堆积而成；有的是因为地壳运动，地表被拉伸或挤压而变得凹凸不平，凸出来的地方就形成了山。

自然界的山大多是由地壳运动造成的，它们形成的年代悠久，且山体崎岖。

51 山峰的高度有没有极限?

根据英国有关科学家研究的结果表明，当一个外加能量等于或大于山体基座变形时所需的能量值时，基座的结构将遭到破坏，山体必然倒塌。科学家们由此推算出，地球上山峰的海拔高度不能超过21700 米。

52 高山也有年龄吗?

高山也会经历诞生、生长到衰老的过程，它的年龄可以从外貌上推断出来。刚刚诞生的山，会出现许多又深又陡的山谷，而且由于没受太多风化作用的影响，山脊非常平坦。山谷中的水会不断侵蚀谷壁，最后使它成长为山脉。随着岁月的流逝，高山逐渐形成了险峻的地形。老年期的山经过长时间的风吹雨淋，高度会变矮，山峰也会被磨平，变成了低矮的小圆丘。

53 为什么我国西部多高山和高原?

大体上看，我国版图的西部多高山和高原，而东部多平原和丘陵。这是因为，在 6500 多万年前，地壳发生了大幅度的运动，西部地区迅速抬升，出现大范围的高原和高山，青藏高原尤其剧烈。

54 为什么说喜马拉雅山是从海里升起的?

地质学家在喜马拉雅山上考察时，发现了大批只能在海洋环境下生长的菊石类和鱼龙等化石。经测定，这些化石是在2亿年前左右的中生代形成的。由此，科学家提出，喜马拉雅山所在地曾是一片广阔的海，而6500万年前那场强烈的地壳运动使地面隆起，海洋消失，山体出现。直到今天，喜马拉雅山仍在缓缓上升。

55 哪座山享有“赤道雪峰”的盛名?

位于坦桑尼亚东北部的非洲最高山——乞力马扎罗山，享有“赤道雪峰”的盛名。山体坐落于赤道与南纬3°之间，距离赤道仅300多千米。尽管处于气候炎热区内，但由于海拔达5895米，顶部依然白雪皑皑，远看好似戴着一顶雪帽子，景观独特。

56 火焰山在什么地方？

小说《西游记》中记述了火焰山，说它的山头燃烧着熊熊大火。在现实世界里，真有叫火焰山的地方，它位于我国新疆吐鲁番盆地的中部，蜿蜒起伏 100 多千米，海拔 500 米左右。山体沙石中因为含有大量的氧化铁，看上去呈火红色，就好像燃烧着的火焰，所以得名“火焰山”。

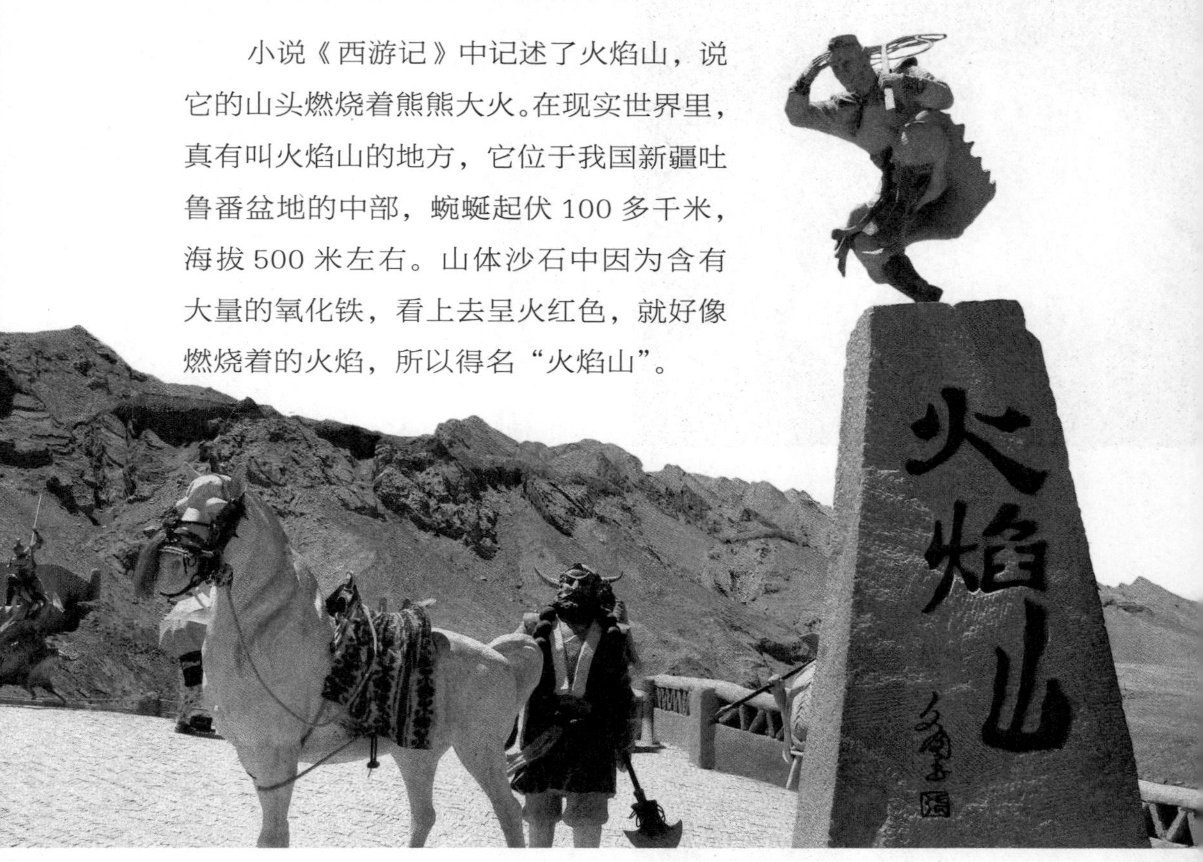

57 火山是一类什么样的山？

火山是因地球表层压力降低，地球深处的岩浆等高温物质从裂缝中喷出地面，形成的锥形高地。火山由火山锥、火山口和火山通道组成。火山可分为三类：死火山，是在人类历史记载中没有喷发过的火山；活火山，是经常或周期性喷发的火山；休眠火山，是历史上曾经喷发过，但长期处于静止状态，仍有可能喷发的火山。

58 地球上总共有多少座活火山?

地球上有很多火山，其中活火山有 500 多座。在环太平洋一带，有一个火山多发地带，这里大约有 300 座活火山，有的在陆地上，有的在海底，像日本和夏威夷群岛就处在这个地带上，其境内火山很常见。

59 只有陆地上有火山吗?

在人们的印象中，似乎只有陆地上才有火山爆发。其实，不仅陆地上有火山，海洋里也有火山。火山存在的主要原因是地壳下有活动的岩浆，如果海底的岩浆活动剧烈，那么海底也会有火山形成。

60 泥火山是火山吗？

泥火山说是火山，却又不是通常意义上的火山。通常所说的火山，最基本的特征是由岩浆形成的，并具有岩浆通道，而泥火山是由泥浆形成的，不具有岩浆通道。不过，泥火山不仅形状像火山，具有喷出口，还会喷发出熊熊烈火。

61 丘陵与山地有什么区别？

丘陵与山地最大的区别就在于高度的不同，丘陵的海拔一般在 200 米以上、500 米以下，而山地的海拔要超过 500 米。丘陵是起伏平缓、连绵不断的高地，一般比较破碎低矮，没有明显的脉络，顶部浑圆，它是山地长期受侵蚀后的产物。

62 丘陵分布具有什么样的特点？

丘陵属于山地向平原过渡的中间阶段，因此大多分布在世界各个山地或高原与平原的过渡地带，但也有少数出现于大片平原之中。从气候成因上来说，多雨地区的丘陵数量多于少雨地区的。

63 峡谷是怎样形成的？

河水流过山谷和平原时，会将河底的泥沙和石头冲走，使得地表形成明显的长条形凹地，我们称它为河谷。如果河谷两岸都是陡峭的山地，那就是峡谷了。

64 东非大裂谷是怎样形成的？

位于非洲东部的东非大裂谷是世界上最长的谷地，有“地球的伤疤”之称。它北起死海，经埃塞俄比亚高原，南到赞比西河口，全长6000多千米。谷底部有一条宽带状的低地，夹在两边高耸的峭壁之间，非常壮观。它的成因不同于峡谷，它是由地壳运动产生的巨大撕裂作用形成的。

65 什么是平原？

平原是指开阔平坦的地形，其主要特征是地势低平，起伏平缓，海拔大部分在200米以下，坡度一般在5°以下，相对高度不超过50米，有的仅10~20米。另外，有些平原海拔超过200米，人们称其为高平原。

66 平原是怎样形成的?

平原的形成有很多原因，但大体可以分为三大类：一类是构造平原，由地壳运动形成；一类是冲积平原，主要由河流冲积而成，它的特点是地面平坦，面积广大，多分布在大江、大河的中下游两岸地区；一类是侵蚀平原，主要由海水、风、冰川等外力作用不断剥蚀、切割而成，特点是地面起伏较大。

67 世界最大的平原在哪里?

在南美洲的亚马孙河下游有一大块平原——亚马孙平原，面积达560万平方千米，是世界上面积最大的平原。亚马孙平原地势低平坦荡，大部分在海拔150米左右，还有相当一部分海拔更低的低地，因而又有“亚马孙低地”之称。

68 我国最大的平原是哪个?

东北平原是我国最大的平原，在大小兴安岭和长白山之间，南北长约 1000 千米，东西宽 300~400 千米，面积约 35 万平方千米。东北平原海拔大部分在 200 米以下，辽阔坦荡，包括三江平原、松嫩平原、辽河平原，沿河地区多沼泽。

69 沙漠是怎么来的?

沙漠是指沙质荒漠，其中广泛分布着各种沙丘。全世界有十分之一的陆地是沙漠，总面积达 3140 万平方千米。大部分沙漠都是由于缺水造成的。缺水的地方植物逐渐死去，地面的泥土被风吹走，岩石经过风吹日晒最后风化为沙砾，使原来富饶的土地变成了沙漠。

沙漠地域大多是沙滩或沙丘，沙下岩石也经常出现，泥土很稀薄，植物也很少。有些沙漠是盐滩，完全没有草木。沙漠一般是风成地貌。

70 世界上最大的沙漠在哪里?

非洲大陆有着世界最大的沙漠——撒哈拉沙漠，面积达900多万平方千米，占非洲大陆总面积的三分之一。撒哈拉沙漠上并不全是一望无际的沙子，那里还分布着山脉、岩石和一些盐滩。

71 沙漠中为什么会有绿洲?

在广阔无垠的沙漠中，常有一些绿色的斑点点缀着，这些绿点就是沙漠中的绿洲。沙漠中之所以会有绿洲存在，是因为这里有大河流经，或处在地下水出露带上，也可能是高山冰雪融水汇集注入，为植物的生长创造了条件。

72 沙漠为什么会扩张?

很多沙漠的面积在持续扩大，吞噬了一些绿洲和草原。致使沙漠扩张的直接动力是风。风可以扬起大批沙砾，制造出流动的沙丘，它们好像海浪一样，吞掉房屋田园。环境恶化和气候干旱是沙漠移动的重要因素。

73 戈壁与沙漠有什么区别?

沙漠的地表覆盖的是一层很厚的细沙状的沙子，戈壁的地表则被粗沙和众多石滩、砾石所覆盖。另外，戈壁滩上还或多或少有植被分布。通常，戈壁的边缘就是沙漠。

戈壁是荒漠的一个类型，即地势起伏平缓、地面覆盖大片砾石的荒漠。

74 为什么沙漠中的沙子会唱歌？

这种现象其实叫“鸣沙”，在各大陆上不仅分布广，而且沙子发出来的声音也是多种多样的。鸣沙的发声原理很复杂，与沙丘的形状、沙子的成分及沙漠地区的气候环境等多种因素有关。风吹入沙间空隙，就好像进入了共鸣箱，动听的歌声便出现了。

75 世界上有彩色的沙漠吗？

提起沙漠，人们印象中都是满眼黄沙的景象。其实，沙漠也有其他颜色。澳大利亚的辛普森沙漠是红色的，中亚的卡拉库姆沙漠是黑色的，美国南部的路索罗盆地分布着白色的沙漠，而亚利桑那沙漠则拥有红、黄、紫、蓝、白等多种色泽。彩色沙漠的成因并不复杂，与组成岩石的矿物有关，不同颜色的矿物在岩石碎裂为沙石后，使沙漠呈现出了不同的颜色。

76 什么是盆地?

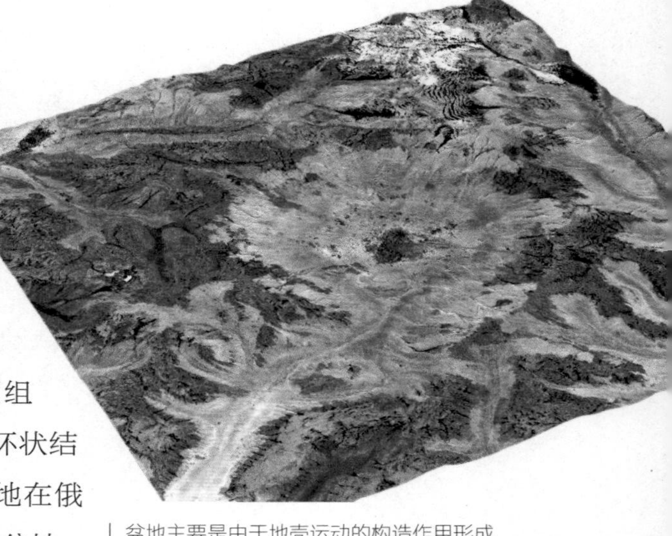

四周被山地或丘陵环绕,中间比较低平,像一个盆状的地形,就叫盆地。盆地大多数是由山地、丘陵、台地和平原组合而成,呈现外高内低的环状结构。地球上最大的陆相盆地在俄罗斯中部,它就是西伯利亚盆地,面积近 700 万平方千米。

盆地主要是由于地壳运动的构造作用形成的。在地壳运动作用下,地下的岩层受到挤压或拉伸,变得弯曲或产生了断裂,就会使有些部分的岩石隆起,有些部分的岩石下降,如下降的那部分被隆起的那些部分包围,盆地的雏形就形成了。

77 盆地是怎样形成的?

盆地形成的原因很多,受断裂构造作用形成的构造盆地最多;还有一些因水或风等作用形成的溶蚀盆地和风蚀盆地等;也有很多盆地是在断陷构造的基础上,经其他外力改造而成的。

美丽的盆地城市

78 我国都有哪些著名的盆地？

我国有四大著名盆地，它们分别为塔里木盆地、准噶尔盆地、柴达木盆地、四川盆地，面积都在 10 万平方千米以上。其中塔里木盆地盛产葡萄，是闻名的瓜果之乡；准噶尔盆地蕴藏着丰富的石油和天然气，是我国的能源宝库之一；柴达木盆地富积岩盐，有“聚宝盆”之称；四川盆地山清水秀，物产富饶，享有“天府之国”的美称。

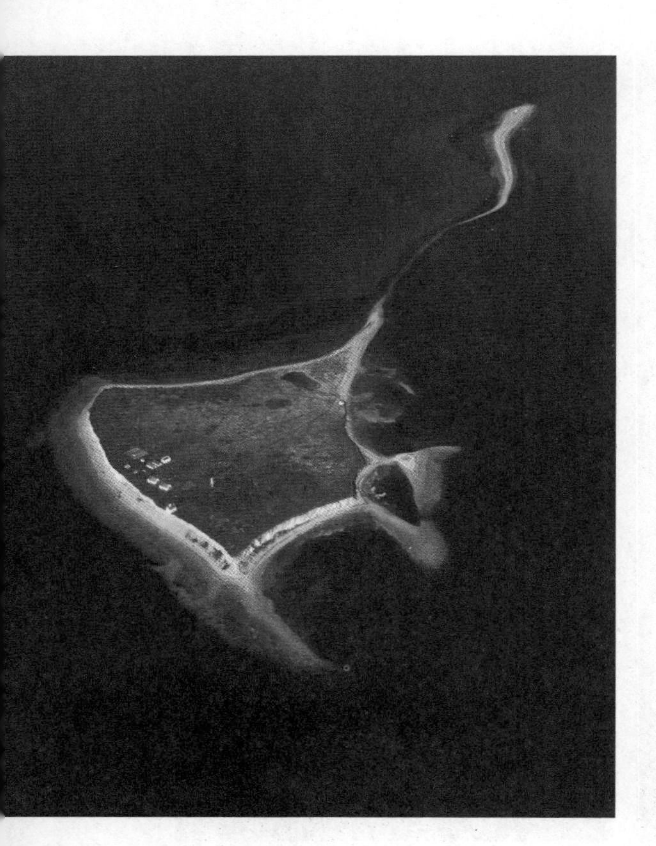

79 什么是岛屿？

岛屿指比大陆面积小并且完全被水包围的陆地，可出现在海洋、湖泊或江河里。岛屿的面积大小不一，小的不足 1 平方千米，称“屿”；大的达几百甚至几万平方千米，称为“岛”。成群的岛屿叫群岛。

80 澳大利亚算不算岛屿？

澳大利亚虽然四面环海，却不算作岛屿，相反被划归为最小的大陆。这是因为人们习惯上把面积较大的陆块称为大陆，面积较小的才称为岛屿。澳大利亚的面积达 769 万平方千米，比世界最大的岛屿格陵兰岛（面积约 217 万平方千米）要大多了。

81 岛屿是怎样形成的？

不同类型的岛屿，成因各不相同。大陆岛是由地壳运动引起的陆地下沉或海面上升，造成部分陆地与大陆分离而形成的，如我国的台湾岛、海南岛；火山岛是由海底火山喷发出的物质堆积而成的，如夏威夷群岛中的大部分岛屿；珊瑚岛是由珊瑚虫的分泌物和遗骸堆积的珊瑚礁构成的，如我国的西沙、南沙群岛；冲积岛则由河流、湖泊中的泥沙堆积而成，如我国的崇明岛。

82 半岛是一类什么样的陆地?

半岛指伸入海洋或湖泊，一面连着大陆，其余三面被水包围的陆地，例如我国的辽东半岛、山东半岛、雷州半岛等。世界上最大的半岛是亚洲西南部的阿拉伯半岛，面积达 300 多万平方千米，将近有三分之一个中国那么大。

83 地峡有什么特殊用途吗?

地峡就好像架设在两块大陆或大陆与半岛之间的桥梁，窄窄的，两边临水，是开凿运河的好地方。因此，世界上仅有的几处地峡，大多都变成了运河通道，例如，南、北美洲之间的巴拿马地峡上建了巴拿马运河，亚洲和非洲之间的苏伊士地峡被疏通为苏伊士运河。

84 什么是喀斯特地貌？

喀斯特地貌，又称岩溶地貌，专指由水侵蚀可溶性岩石之后产生的各种特殊地形和景观，包括石芽、石林、峰林、溶沟、漏斗、天坑、落水洞、溶蚀洼地、坡立谷、盲谷，以及地下发育的溶洞、地下河等各种洞穴系统，还包括洞中石钟乳、石笋、石柱、石瀑布等地貌形态。

85 山里的石灰岩为什么容易形成岩洞？

山里经常可以见到大大小小的岩洞，这其实是石灰岩长期经水浸泡的结果。构成岩洞的山石大多是石灰岩，而石灰岩很特殊，被水浸泡后会慢慢地溶解掉，岩体就一点点变小消失，时间久了就形成了各种各样的岩洞。

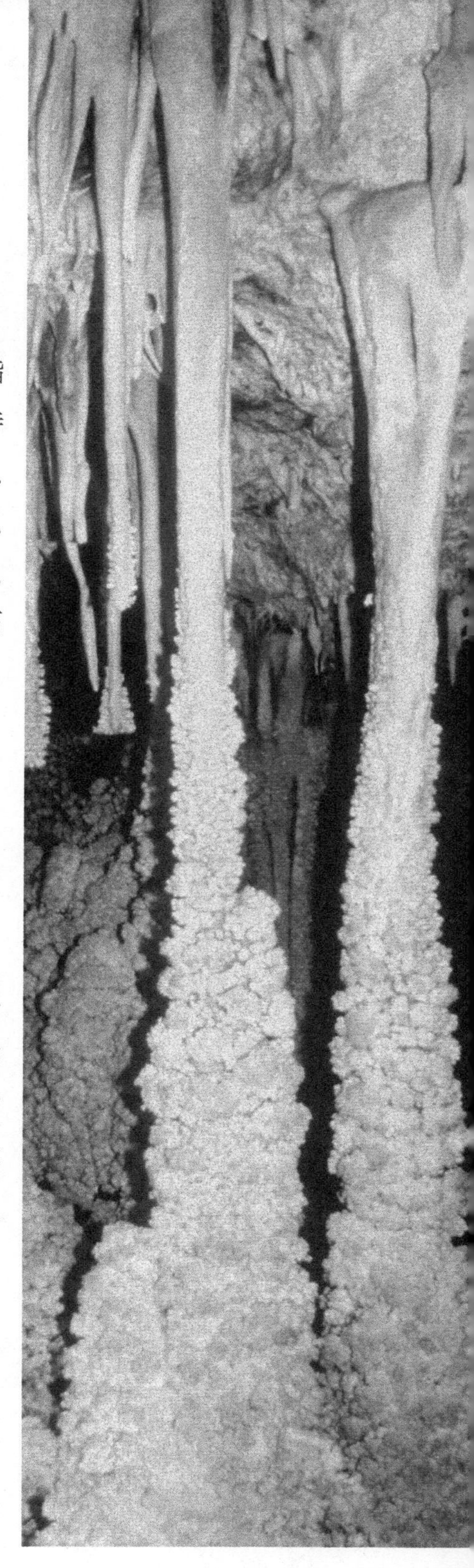

溶洞是石灰岩地区地下水长期溶蚀的产物。由于石灰岩层各部分石灰质的含量不同，被侵蚀的程度不同，所以岩区就逐渐被溶解分割成互不相依、千姿百态、陡峭秀丽的山峰和景观奇异的溶洞。

86 石灰岩洞中的钟乳石是怎样形成的？

在石灰岩洞的洞顶有些裂缝，有的裂缝里有水滴渗出来，当水分蒸发掉后，那里就会留下一些石灰质的沉淀。如果洞顶不断有水滴出现，那么石灰质就会越积越多，天长日久就形成了倒挂着的钟乳石。

87 钟乳石下面为什么会有石笋？

钟乳石下面的地面上通常会有一些跟它相对生长的石笋。当洞顶的水滴掉下来的时候，随水滴落下的石灰质在地面上也会沉积，不断地积累，像竹笋一样慢慢长大，形成石笋景观。

88 钟乳石的生长速度有多快?

钟乳石的生长速度和洞顶上水滴的大小及水流的速度有关。水滴越大，水流速度越快，钟乳石生长的速度就越快。生长速度较快的钟乳石，在七八十年间能长出 1 米左右；生长速度较慢的，100 万年才能长 1 厘米。

89 石灰岩洞中的石柱是怎么来的?

石柱是钟乳石和石笋相结合的产物。当岩洞顶上的钟乳石随着岁月的流逝逐渐长长，它下面的石笋也不断地长高，两者慢慢地连接在一起时，就形成了一根自上而下的柱子，它就是石柱。

90 石林是怎样形成的？

石林是大自然创造的一个奇迹，被誉为“天下第一奇观”。水流在石灰岩上流动，使有裂缝的地方裂开得更大、陷得更深。石灰岩经过水流长期的溶蚀，上面逐渐出现了许多凹下去的地方，这样渐渐地就形成了一大片形态奇异的石林。

91 我国的喀斯特地貌主要分布在哪里？

在我国，喀斯特地貌分布面积约有 344 万平方千米，主要分布在广西、贵州、云南等省区，例如，广西的桂林山水，云南的路南石林，广东则有英德英西峰林、怀集县桥头镇燕岩、肇庆七星岩等。

92 丹霞地貌与丹霞山有什么关系?

丹霞地貌是以广东丹霞山为代表而命名的一类地貌类型。丹霞山由红色沙砾岩构成，以赤壁丹崖为特色，因此丹霞地貌的典型特点是岩体呈红色。形成丹霞地貌的岩层是一种在内陆盆地沉积的红色屑岩，后来地壳抬升，岩体经流水切割侵蚀，保留下红色的山块。

93 雅丹地貌是怎样形成的?

雅丹专指干燥地区的一种特殊地貌。一开始沙漠中有一座基岩构成的平台形高地，高地内的岩层有节理或裂隙发育，暴雨的冲刷使得节理或裂隙加宽扩大。由于大风不断剥蚀，风蚀沟谷和洼地逐渐分开了孤岛状的平台小山，这些平台小山又进一步演变为石柱或石墩，形成了风格独特的雅丹地貌。

岩石之谜

94 地球上为什么有那么多岩石？

岩石是构成地球外壳的重要原料，因此数量巨大。它们是在地球演变过程中逐渐形成的。按成因不同，岩石可分为三大类：第一类为火成岩（或叫岩浆岩），是由炙热的岩浆冷却凝固形成的，地壳中四分之三的岩石和地幔顶部的全部岩石都是火成岩；第二类为沉积岩，是由暴露在地面上的火成岩碎屑及泥土、动植物的遗体等经过堆积、沉析而重新形成的岩石；第三类是变质岩，是上述两类岩石受到强烈的挤压、错动或高温的影响而形成的新岩石。

地壳表面的岩石以沉积岩为主，它们约占大陆面积的75%。沉积岩有两个突出特征：一是具有层次，称层理构造；二是许多沉积岩中有古代生物化石，它是判定地质年龄和研究古地理环境的珍贵资料。

95 怎样才能知道岩石的年龄？

岩石也是有年龄的，从形成到现在就是它的年龄。大部分岩石中都含有镭。镭是一种放射性元素，会慢慢衰变成别的元素，这其中就有铅。根据岩石中铅的含量和镭每年生成铅的量，就可推算出岩石的年龄了。

96 地层是怎么一回事？

地质学家发现，铺盖在原始地壳上的层层叠叠的岩层，好比一本记录地球历史的石头书，因为呈层状，所以称它为地层，而其中的岩石和化石就像这本书中的文字。地层从最古老的地质年代开始，层层叠叠地铺到地表。一般来说，先形成的地层在下，后形成的地层在上，越靠近地层上部的岩层形成的年代越近。

97 为什么岩石大都不渗水？

大多数的岩石是不渗水的，只有一小部分能渗水。在火成岩和变质岩中，组成岩石的矿物颗粒是互相紧密地嵌合在一起的，空隙极小，水无法通过，所以就不能渗水。

大多数岩石虽然都是不渗水的，但它们在太阳辐射、大气、水和生物的共同作用下会出现破碎、疏松及矿物成分变化的现象，由此变得形态万千。

98 花岗岩有多硬？

花岗岩是火山爆发的熔岩受到周围岩石的冷却挤压而固结的岩石，是一种岩浆岩。它是岩石中最坚硬的一种，主要是由长石和石英组成。1 平方厘米的花岗岩，能承受 2000 千克以上的重物所形成的压力。花岗岩不易被水溶解，也不易被酸腐蚀。

99 玄武岩的名称是怎么得来的?

玄武岩是大陆地壳上最常见的岩浆岩，由火山口喷出的岩浆冷却后形成。“玄武”是中国古代神话中的天之四灵之一。最初的玄武单纯指黑色大龟，汉代以后其形象发生变化，成了龟蛇合体的形象。玄武岩因为颜色黑黝黝的,所以被叫成了这个名字。

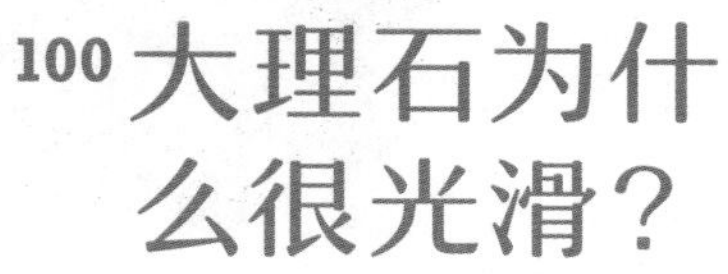

100 大理石为什么很光滑?

用美丽坚硬的大理石雕刻的人像

大理石是一类变质岩，拥有美丽的颜色、花纹。大理石的前身是石灰岩。石灰岩是一种沉积岩，它在地层的深处受高温和高压的作用，内部的矿物颗粒会重新排列，变得非常紧密有秩，就形成了大理石。大理石经过加工和打磨后，就变得非常光滑了。

101 有很软的岩石吗?

大自然中有这样一种岩石，它能像纸板一样弯曲折叠，还能像和好的面一样做成一个圆柱，总而言之它非常柔软，它就是页岩。页岩是沉积岩的一种，它的层与层之间非常明显，就像一本字典。

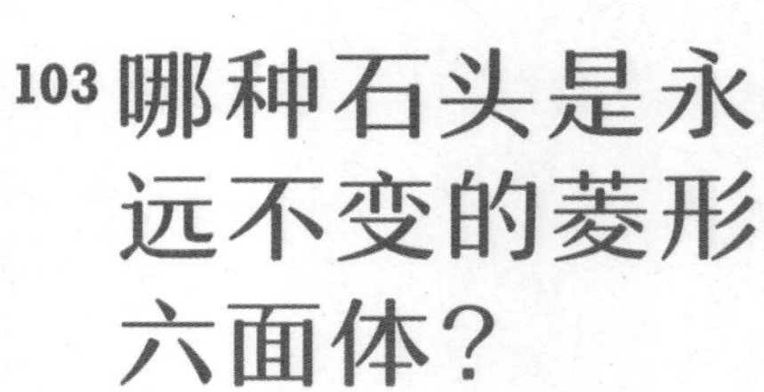

102 有能浮在水面上的石头吗？

如果我们往池塘里抛石头，会发现石头很快就沉下去了。然而在大自然中有一种特殊的石头，它能浮在水面上，叫浮石。浮石的中间有许多小孔，每个孔都是独立的，水不能进到里面流通，这使它非常轻，可以浮在水面上。

103 哪种石头是永远不变的菱形六面体？

有一种石头无论把它敲成多大块，它都是一个菱形六面体，这种石头叫方解石。方解石具有一个奇异的特点，那就是当你透过一块透明的方解石观察世界，就会发现所有的东西都变成了两个影像。

104 白云石表面为什么有刀痕?

白云石表面总是有一些密密麻麻的痕迹，就像是被刀砍过一样，这些痕迹其实是水流雕刻成的。白云石里面夹杂着方解石，方解石很容易被水溶解，水流使白云石中有方解石的地方向下凹，就像被刀砍过一样。

105 石灰岩是从哪里来的?

在几亿年前，地球大部分是海洋。生活在海洋中的贝壳和其他一些动物的甲壳都是石灰质的，它们的尸体沉到海底，随着时间的推移就变成了石灰岩。

106 哪种石头能用来制造玻璃？

砂岩、石灰石和长石等是制作玻璃的原料，其中砂岩是主要成分。砂岩能用来制造玻璃是因为它有很好的耐酸性、良好的透明性，而且只要把它熔化成液体，就可以把它变成各种形状。

土壤之谜

107 土壤里有什么？

我们对土壤都非常熟悉，绝大多数植物生长都需要土壤。土壤是由岩石的细微颗粒以及植物和动物的腐殖质构成的。那些细小的岩石碎屑原是大块岩石的组成部分，而动植物的腐殖质来自植物植株和动物尸体的腐化产物。除此之外，土壤中还有细菌、真菌、蚯蚓以及许多昆虫等，它们具有改良土壤的作用，会使土壤变得肥沃。

108 土壤是怎样形成的？

土壤是岩石经过漫长的岁月一点点风化分解形成的。当一块岩石不断受到风雨的侵蚀，它会由大块分解碎裂为小碎石，最后形成原始的土壤。植物的叶片、枝条等掉落、腐烂，又为土壤增加了新的腐殖质。这样反复循环，就形成了肥沃的土壤。

109 土壤的颜色都一样吗？

土壤有很多颜色：红色的、黑色的、黄色的，还有白色的。土壤之所以有不同的颜色，是因为土壤的主要成分——矿物质有所不同。矿物质是在岩石风化分解的过程中诞生的。所以，各种矿物质的含量不同，土壤的颜色就会不同。

110 决定土壤呈黑色的物质是什么？

黑色土壤中虽然也含有丰富的矿物质，但是它们并不能决定土壤的颜色。在黑色土壤中有很多动植物的遗体变成的腐殖质，约占土壤总量的5%~10%。腐殖质是黑色的，所以土壤就会呈现黑色。

111 土壤为什么会变成灰白色？

含石英、正长石、高岭土较多的土壤，多数为灰白色。在有些地区，原来土壤是深色的，但是由于气候寒冷，有机物质分解缓慢，所以当降雨量很大时，土壤中的大部分矿物质和腐殖质会被冲到土壤下层去，表层土壤就会变成灰白色。

112 红色土壤中哪种矿物质最多？

红色土壤中含有大量的铁质。在一些高温多雨的地区，土壤中的铁会发生高度氧化，这样土壤就会呈现红色。在红色土壤中，腐殖质的含量比较少，基本上不到 1%。

113 黄色土壤为什么显黄色？

黄色土壤中也含有铁质，但是它却不是红色的，这是因为黄色土壤分布的地区湿度比较小，铁质不能高度氧化，不能变成鲜红色，只能保持原来的黄色。

114 青色土壤是怎么形成的?

在排水不良或长期被水淹的情况下，红色土壤中的氧化铁常被还原成浅蓝色的氧化亚铁，土壤便会呈现青灰色，例如，我国南方的某些水稻田内就有青色土。

115 各色土壤在我国是如何分布的?

我国各色土壤的分布情况大致是这样的：黑色土壤主要分布在东北地区的三江平原、松嫩平原、大小兴安岭地区；红色、紫色土壤主要分布在四川盆地大巴山一带；黄色土壤主要分布在黄土高原上，包括内蒙古、宁夏、陕西、甘肃等地；白色土壤主要分布在祁连山一带，包括青海等地。

泥土经水长期浸泡形成大片淤泥，淤泥的颜色就是青色的。所以，长期种植水稻的农田就会出现青色土壤。

116 土壤为什么会沙化?

土壤沙化是泛指良好的土壤(或可利用的土壤)变成含沙很多的土壤，甚至变成沙漠的过程。它主要是由风力侵蚀作用造成的，风将土壤不断吹失。土壤沙化后形成沙丘，沙丘会不断挺进，侵占农田，威胁道路与村镇，因此危害很大。

117 冻土是怎么形成的?

冻土就是一种低于0℃并且含有冰的特殊土壤，分布于高纬度地带和高山垂直自然带上部。因为土壤里面或多或少的都含有水分，一旦温度降到0℃或0℃以下，土壤里的水分就会凝结成冰将土壤冻结，这样就形成了冻土。

118 什么是矿物？

矿物是由地质作用形成的天然单质或化合物。它组成了岩石或矿石，是组成地壳的基本物质。自然界中目前已发现的矿物有 3000 多种，但最常见的不过数十种，目前被利用的只有 200 余种，随着科学的发展，将会有更多的矿物被人类利用。20 世纪 60 年代以来，人工合成矿物的研究与生产迅猛发展，目前已能合成百余种矿物，如人造水晶、人造刚玉、人造云母等。

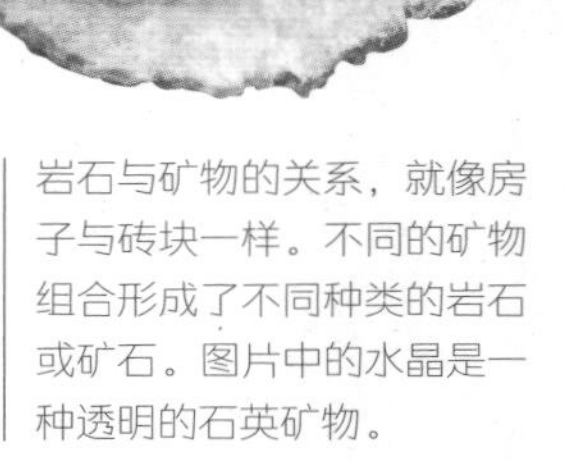

岩石与矿物的关系，就像房子与砖块一样。不同的矿物组合形成了不同种类的岩石或矿石。图片中的水晶是一种透明的石英矿物。

119 地球上最硬的矿物是什么？

到目前为止，地球上发现的最硬的矿物是金刚石（也叫钻石），它是由碳元素组成的。金刚石可以轻松削切任何金属，所以人们经常把它用作切割硬物的工具。

120 地球上最软的矿物是什么？

滑石是已知最软的矿物，它可以代替粉笔画出白色的痕迹。滑石是一种常见的硅酸盐矿物，它非常软并且具有滑腻的手感。滑石一般呈块状、叶片状、纤维状或放射状，颜色为白色、灰白色，并且会因含有其他杂质而带各种颜色。滑石的用途很多，如作耐火材料、造纸、绝缘材料、润滑剂、农药吸收剂、皮革涂料、化妆材料及雕刻用料，等等。

121 地壳中哪种矿物分布最广？

化学元素是组成矿物的物质基础。氧、硅、铝、铁、钙、钠、钾、镁 8 种元素就占了地壳总重的 97 %，其中氧约占地壳总重的一半，硅占地壳总重的四分之一以上。所以，地壳中上述元素的氧化物和氧盐（特别是硅酸盐）矿物分布最广，它们构成了各种岩石的主要组成矿物。

122 铁矿是怎么形成的？

有些岩石中含有铁，当这些岩石逐渐风化，里面的铁会被氧化。氧化铁顺水流动，慢慢地沉积在水下，形成铁矿层。铁矿层经过地壳的高温、高压作用，就变成了含铁量丰富的铁矿。铁在地壳中的含量为 4.75%，在金属元素中仅次于铝。

123 为什么地下有煤？

大约在 3 亿年前，地球上生长着非常茂密的植物，但是由于地壳运动，它们都被埋在了地下。这些植物长期受地下热力和细菌的作用，发生了碳化，即植物中的氧和氮等物质全都挥发，就剩下含碳的物质了。随着碳质的比例越来越多，各种煤就形成了。

124 全球煤田是怎样分布的？

世界煤炭地层分布很不平衡，大多集中在温带和亚寒带，其中北半球的一条分布带是从英国奔宁山麓向东横越法国、德国、波兰、俄罗斯，直到我国的华北和东北；另一条则横亘于北美洲中部。在南半球，煤田仅分布在澳大利亚和南非的温带地区。近几年，地质学家又在南极大陆发现了超大煤矿。

125 石油是由什么变来的？

石油是一种拥有不同结构的碳氢化合物的混合物，是可以燃烧的液体，一般呈褐色、暗绿色或黑色，渗透在岩石的空隙中。它是由埋藏在地下的古生物的遗体变来的。生物死亡后，尸体沉积于水底，被封闭在与空气隔绝的环境中，再经过不断的变化，就形成了石油。

126 海里有很多石油吗?

石油不仅在陆地上有，而且在海里面也有，并且储量还非常大。根据科学家们勘测的数据可知，海底的石油蕴藏总量占地球石油蕴藏总量的三分之一，甚至更多。目前，海底石油的利用率还很低，没有得到大规模的开采，所以开采海底石油还是非常有前景的。

127 西亚为什么有“世界石油宝库”的美誉?

西亚是目前世界上已探明石油蕴藏量最多的地区，占世界石油总储量的一半以上。世界上石油探明储量在 40 亿吨以上的国家共有 8 个，其中 5 个在西亚，它们分别是沙特阿拉伯、科威特、伊朗、阿联酋和伊拉克。因此，西亚也就成了当之无愧的“世界石油宝库”。

西亚石油储量大、埋藏浅、油质好、易开采。石油的形成与其地质构造密切相关。波斯湾地区及两河流域在地质构造方面属于新褶皱山系的边缘拗陷地带，储油构造良好；同时，长期温暖的海洋环境，为大量海洋生物提供了适宜的生长条件。海洋生物遗体沉入海底后，成为生成石油的有机物质来源，经过复杂的生物化学作用，逐渐变成了石油。

128 为什么天然气都埋藏在地层里？

天然气是一种可燃气体，主要成分是甲烷，产生在油田、煤田和沼泽地带。很久以前，大量死亡的生物遗体沉入水底，被泥沙掩盖。遗体中生长着一种厌氧性细菌，它们慢慢把生物遗体转化成了天然气。随着地壳的运动，零散的天然气汇聚到一起，便形成了一个储气层，埋藏在地层内。

129 我国南、北矿源分布有什么特点？

我国南、北矿源的分布极不平衡。在南方，有色金属矿居多；在北方，煤和石油等能源矿居多。这与不同的矿物质生成的特点有关。在我国南部，有色金属成矿时期，地壳构造复杂，岩浆活动激烈，而且岩浆中有色金属元素含量多，所以南方多有色金属矿。在我国北部，中生代时期地壳活动不强烈，煤和石油等一些沉积矿开始形成，所以北方多能源矿。

130 地震是怎么回事?

地震是地球内部的变动引起的地壳震动，按地震形成的原因分为陷落地震、火山地震和构造地震三种。在民间，人们常把地震称为地动。地震有大有小，经常在不同地区发生。从全球来看，一年总共要发生 100 多万次地震，但是其中只有大约 15 万次地震能被人感觉到，其余的都属于无感地震（人们感觉不到的地震）。

131 哪种地震影响比较大?

构造地震的影响比陷落地震和火山地震都要大。当地壳中的岩层发生弯曲和倾斜时，如果制造弯曲的这种力量超过岩层所能承受的极限时，岩层就会突然断裂或错位，使长期集聚的能量突然释放出来，造成构造地震。这种地震的力量非常大，破坏力极强。

132 地震震级为什么只有10级？

地震震级是划分震源释放出的能量大小的等级，一般采用里氏震级标准。地震震级分为10级，每增加一级，释放的能量增加约32倍。一般小于2.5级的地震人们感觉不到，2.5级以上才有感觉，5.0级以上的地震会造成破坏。里氏震级是没有最高限度的，也就是说不止10级。10级地震是人们考察实践所得来的，因为人们认为，地壳间的碰撞不可能释放出比10级更大的能量。

震级指地震的大小，是地震强弱的量度，小于2.5级的地震叫小地震，2.5～5.0级地震叫有感地震，大于5.0级的地震被称为破坏性地震。

133 南北两极为什么几乎不发生地震？

地质学家们通过测量发现，南北两极几乎没有发生过地震。地震是由于地球内部的能量向地壳传播而产生的一种作用力所导致的，南北两极都有厚厚的冰层覆盖，冰层对地面有着向下的力量，这个力与地球内部所产生的向上的力相抵消，就很难发生地震了。

134 全球地震带是怎样分布的？

从全球范围看，大多数地震分布在三个地震带上，它们分别为环太平洋地震带、欧亚地震带和海岭地震带。世界上 76% 的地震总能量释放在环太平洋地震带上，22% 释放在欧亚地震带上。

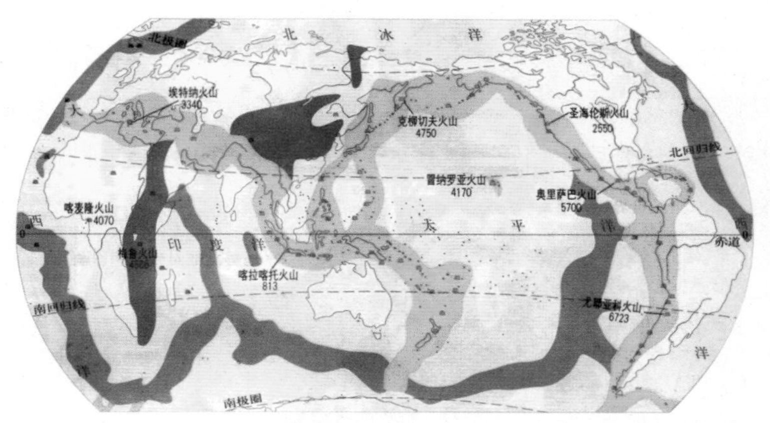

135 水库蓄水也会发生地震吗?

为了方便筑坝拦水，水库一般建造在峡谷中，而峡谷又多是断层隐伏的地方,为地震的产生提供了先天条件。水库蓄水后，水库底部的岩石受到压力，打破了岩层原来的平衡状态，同时由于水大量下渗，使岩石之间的摩擦力减小而变得易于滑动，这些因素作用在一起，就引发了地震。

136 哪个国家的地震最多?

地震在全球各个国家都有发生，但爆发次数最多的是日本，全国平均每天发生 4 次左右。日本这个太平洋群岛国家处于地球断层和断裂分布最密的地方，这里地壳十分薄弱，因此地震频发。

137 火山为什么会喷发？

岩浆在地底下活动着，由于受到了岩层的压力，所以不会冒出地面。当岩层有裂缝时，一些岩浆便会顺着裂缝上升，压力突然降低，因此会蜂拥而出，火山就喷发了。

138 火山喷发的能量来自哪里？

在岩层里有很多放射性元素，它们不断衰变，放出大量的热，这样地下的岩石因高温熔融而变成了可以流动的岩浆。当岩浆喷出地面时，一直被岩层压缩的气体和水蒸气也跟着活跃起来，巨大的能量便释放出来了。

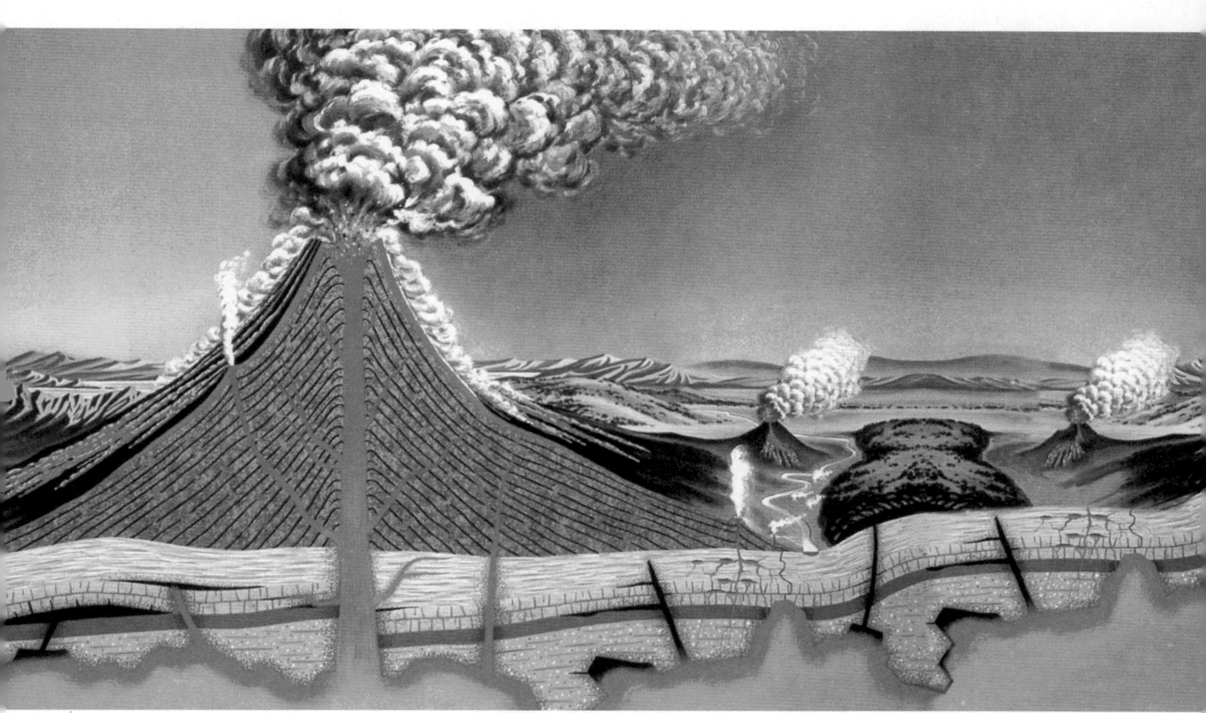

139 火山爆发时会喷出哪些物质?

火山喷发时，人们首先看到的就是糨糊状的岩浆，伴随着岩浆的还有水蒸气、尘埃和各种气体。有时，仅火山喷发一次喷出来的岩浆就有几十亿立方米，气体的数量会更大。

140 为什么有的火山喷发得特别厉害?

火山喷发的强度不仅与岩浆活动有关，还和火山构造、岩浆黏度有关。当岩浆很黏稠时，火山通道就变得很狭窄，喷发时就容易堵塞。如果地下岩浆想要继续前进，就要积聚很大的力量，这股力量突然冲击出来，一下子就把通道冲开了，这样的喷发就特别厉害。

141 火山喷发会造成什么可怕的后果？

火山喷发时喷出的大量火山灰和火山气体，会对气候造成极大的影响。因为在这种情况下，昏暗的白昼和狂风暴雨，甚至泥浆雨都会困扰当地居民长达数月之久。火山灰和火山气体被喷到高空中去，它们就会随风散布到很远的地方。这些火山物质会遮住阳光，导致气温下降。火山喷出的大量火山灰和暴雨结合形成的泥石流，能冲毁道路、桥梁，淹没附近的村庄和城市。

142 火山喷发对人类有好处吗？

一听到火山喷发，人们就会觉着胆战心惊，因为火山可以毁掉庄稼甚至城市。喷发出的火山灰虽然能使气温降低，但是它含有很多特殊的成分，是一种不寻常的肥料，非常有利于农作物生长。因此，火山爆发可使土地变肥沃。

143 山崩是怎么回事？

陡峭斜坡上的岩块、土体在自身重力作用下突然急剧下落的现象，叫崩塌。山崩是指山坡上发生的大规模崩塌。在山崖上，有些岩块因风化作用开始断裂，当达到一定程度时就会坍塌。有一些岩石没有完全断裂，这时一旦发生地震，它就会支撑不住，发生山崩。

144 泥石流是怎么发生的？

山区大量泥沙和石块被水浸润后，在重力和水的作用下，会形成突然爆发的、含有大量泥沙和石块的洪流，即泥石流。泥石流中泥沙石块的体积含量一般都超过 15%，最高可达 80%。一次泥石流持续的时间不长，但破坏力极大。

第三章

地球上的水

地球是太阳系唯一表面多水的星体，它适宜的温度可以让水的三态——固态、液态、气态同时存在。海洋是地球上的奇观，它的浩瀚使陆地成为其中漂浮的岛屿，它的蔚蓝使航天员从外太空看地球时仿佛看到了一个蓝色的水球。仅占地球总水量 2.5% 左右的淡水也是一道亮丽风景线，它哺育了陆地上千姿百态的生命，为山川大地谱写了壮丽的华章！

145 “海”和“洋”是一回事吗？

海洋是地球上广大而连续的咸水水体的总称。人们经常把“海”和“洋”放在一起使用，但“海”和“洋”还是有区别的。首先从面积来看，海的面积较小，而洋的面积却很大；其次，海的深度不超过 1000 米，而洋的深度都在 1000 米以上，即使是深度最低的北冰洋，它的深度也在 1200 米以上；再次，海的盐分不稳定，随着环境位置的不同而不同，而洋的盐分都在 35‰以上，相对来说要稳定得多。

146 世界上的海洋有多大？

世界海洋的面积占地球总面积的 70.8%，约为 3.61 亿平方千米，其中北半球海洋所占的比例小一些，南半球海洋所占的比例稍大一些。如果把海和洋分开来说，海占海洋总面积的 11%；洋占海洋总面积的 89%，分为太平洋、大西洋、印度洋和北冰洋四大洋。

四大洋之一的北冰洋

147 海洋是怎样形成的？

地球形成的初期，火山喷发频繁，喷发物中含有大量水蒸气。水蒸气升到空中形成厚厚的云层。云层遮住阳光，炙热的地球逐渐冷却下来，云层中的水蒸气开始凝结，形成雨落下来。随着降雨的持续，地面上低洼的地方集满水，逐渐形成了海洋。

148 海平面是平的吗？

其实，海平面并不平。首先，涨潮、落潮、风暴和气压高低变化等因素，会使海面始终不能处于平静状态。其次，海底地形的不同也导致了海面的不平。受海底地形的影响，一个海区的海面会低于或高于另一个海区几米，甚至十几米。

原始的海洋，海水不是咸的，而是酸性的，并且缺氧。经过亿万年的积累、融合和改造，海水才变成了咸水。

149 为什么要用海平面作为测量高度的标准呢？

我们把事物拿来进行比较，就要有一个衡量的标准。如果测量山的高度是以陆地上的某点为标准测量，那么这个点就不容易成为另一个比较远的地方的测量标准，而且这个点很容易受大自然和人工的破坏。海平面的高度是基本不变的，所以用它作为测量标准是最好的方法。

150 海洋有多深？

海面以下 1000 米就已经算是深海了，但那只属于深海的上层。根据科学家们的测量结果，目前所发现的海洋最深处是太平洋关岛附近的马里亚纳海沟，它的最深处达 11034 米，也是地球的最深处。

151 海底是什么样的？

海底与海面一点儿都不同，而是跟陆地上一样，有高山，有盆地，有火山。从海岸向外海延伸，海底大致可分为大陆架、大陆坡、大洋盆地和大洋中脊等部分。其中，大洋盆地占海底总面积的45%，是海洋的主体部分；大洋中脊像屹立在大洋底部的巨大山脉，这里火山、地震活动频繁。

152 远看大海为什么是蓝色的？

海水本身是不带颜色的，之所以看上去呈蓝色，是因为海水能很好地吸收阳光中的红、橙、黄光，却大量反射和散射蓝、紫光。由于人眼对蓝光敏感，对紫光很不敏感，于是所看到的海洋就呈现出一片蔚蓝色了。

153 世界上有没有彩色的海？

不同地域的海，会因太阳辐射、悬浮颗粒、水的深度、浮游生物等诸多因素的不同，呈现出不同的颜色。例如，我国的黄海呈黄色，俄罗斯西北部的白海呈白色，俄罗斯与土耳其之间的黑海呈黑色，非洲与阿拉伯半岛之间的红海呈红色。

154 红海的水为什么呈红色？

红海非常有名，是因为红海的水看起来是红色的。红海地处气候炎热区内，海水中含盐量很高，适合一种藻类生长，而这种藻类是红色的，它们在海水中大量繁殖，就使红海看起来呈红色了。

155 黑海的水为什么会显黑色？

黑海是世界上唯一一片具有双层海水的海域。根据海洋学家对黑海的考察研究发现，黑海自海面到水下 200 米深处为上层海水，而 200 米深处以下到海底则为下层海水。两种海水之间由于密度变化，形成了一道天然的屏障，使上下层的海水无法相互交换。因此，处于 200 米以下的下层海水便与外界的海水隔绝，氧气十分稀缺，加上硫细菌的作用，高浓度的硫化氢气体把海底淤泥染成了黑色或青褐色。所以黑海的海水看起来是黑色的。

156 海水中的盐是从哪来的？

其实，原始大海并不是咸的，随着海水不断地被蒸发，形成雨，然后雨水再汇聚到江河中流进大海。在这个过程中，江河水带走了陆地上大量的可溶性物质，而这些物质中大部分是盐。经过几十亿年的积累，海水中就有了许多盐，变咸了。

157 大量的河水流进大海，海水为什么不会变淡？

河水含盐量极低，照理说它源源不断地流进大海，应该可以把海水稀释，但结果并不是这么一回事。这是因为大海会不断地以水蒸气的形式把水蒸发掉，而来自河水里的盐却被永久地留下了，这样海水根本无法变淡。

158 海水为什么不能喝？

海水中含有大量盐类和多种元素，其中许多元素是人体所需要的。但海水中各种物质的浓度太高，远远超过饮用水的卫生标准，如果大量饮用，会导致某些元素摄入过量，影响人体正常的生理功能，严重的还会引起中毒，致人死亡。

159 为什么会有潮汐现象？

潮汐是海水周期性涨落的现象，涨落发生在白天叫潮，发生在夜间叫汐。引发潮汐的原因是多方面的。海水在随地球自转的过程中会产生离心力，同时月球、太阳会对海水产生吸引力，这些力共同作用就形成了引潮力。由于地球、月球与太阳的相对位置会发生周期性变化，因此引潮力也在周期性变化，这使得潮汐现象周期性发生。

160 潮汐出现有什么规律？

一天之内，潮汐有两次涨落，每次周期 12 小时 25 分，一共 24 小时 50 分，所以潮汐涨落的时间每天都要推后 50 分钟。另外，农历每月的初一、十五或十六，太阳、月球和地球处在一条直线上，从而产生最大的引潮力，会引发“大潮”，其他时间则只出现“小潮”。

161 洋流是怎样发生的？

海洋中除了由引潮力引起的潮汐运动外，海水还会沿一定途径大规模流动，这就是洋流，又称海流。引起洋流运动的主要因素是风，也有的是由盐度差引起海水密度分布不均匀造成的。

162 为什么说洋流与渔业有很大关系？

洋流有暖流和寒流之分。在寒、暖流交汇的海区，海水受到扰动，可以将下层营养物带到表层，为鱼类提供食物；两种洋流交汇还可以形成“水障”，阻碍鱼类活动，使得鱼群集中，易于形成大规模渔场，如加拿大纽芬兰渔场和日本北海道渔场；另外，有些海区的洋流受离岸风影响，深层海水上涌，把大量营养物带到表层，从而形成渔场，如秘鲁渔场。

163 海浪是怎样形成的?

海水受海风的作用和气压变化等因素的影响，离开原来的平衡位置，发生向上、向下、向前和向后方向的运动，就形成了海上的波浪。当波浪涌上岸边时，由于海水深度愈来愈浅，下层水的上下运动受到了阻碍，根据惯性原理，海水的波浪会一浪叠一浪，越涌越多。

| 风在海洋中造成的波浪,包括风浪、涌浪和海洋近岸波等。

164 海浪是怎样改造岸边悬崖的?

海浪撞击悬崖时，松软的岩石受到磨损，逐渐向里凹，形成弯曲，称海蚀平台；坚硬的岩石则向外突起，成为半岛或海角，称海蚀崖。有些海蚀崖中间被磨穿，成了海蚀拱桥；有些被磨去了大半，只剩下一小堆，成了海蚀柱。还有的悬崖底部有些小洞，这也是海浪“钻”出来的，叫海蚀穴。

海岸线即是陆地与海洋的分界线，一般指海潮在高潮时所到达的界线。

165 海岸线为什么总是曲曲折折的？

海洋和陆地相连的地方叫海岸线。海洋里的风和浪常常袭击海岸，使那里的陆地受到侵蚀。结果，海岸变得曲曲折折、凹凸不平。海岸不断受到侵蚀，所以海岸线的形状一直在发生变化。

166 海边的沙子是从哪里来的？

沿海地带的岩石由于不断发生风化，一些矿物颗粒经雨水、河流冲刷进到海水里。在波浪的作用下，粗颗粒物被搬运到岸边，沉积下来，就形成了沙砾成片的沙滩，细颗粒物则留在了海水里。

167 为什么说海洋是个巨大的能源库？

海洋水体的各种运动，都是能量存在的一种形式，其能量都直接或间接来自太阳。海洋堪称地球上最大的太阳能收集器，每年收集的能量高达 37 万亿千瓦，相当于全人类用电量的 4000 多倍。收集来的能量转换成波浪、海浪和海水温度，换算一下，每平方千米的海面所含有的能量超过 2700 桶石油所具有的能量。除此之外，海水中的铀和重水还是重要的能源原料，可供人类提取应用。

海洋中蕴藏着丰富的海洋能，包括潮汐能、波浪能、潮流能、海流能、温差能、盐差能等。除此之外，海面上空的风能、海水表面的太阳能和海里的生物质能也可供人类利用。

168 潮汐中蕴藏着多大的能量？

海水永不停息地一涨一落，蕴藏着巨大的能量。1960 年，世界上第一座潮汐电站在法国建成。有人做过计算，如果把地球上的潮汐能都利用起来，每年可发电 12400 亿度，相当于 110 座葛洲坝水电站的发电量。

169 海底的锰结核是怎么回事？

锰结核是一种深海海底自然生成的锰矿产，呈黑色或褐色球状或块状，直径 1~20 厘米，含有锰、铁、镍、钴等 20 多种元素。这种结核体往往以贝壳、珊瑚、鱼牙、鱼骨为核心，外层被矿物包围，成层状生长。全球洋底锰结核的总量达 3 万多亿吨，具有很高的开采价值。

锰结核广泛地分布于世界海洋2000~6000米深的海底表面，密集区每平方米上的蕴藏量可达100多千克，可谓储量丰富。

170 地球上有多少淡水？

在地球的水资源中，淡水是一个很重要的组成部分。地球上的水是这样分布的：海洋占96.5%，冰山和冰川占1.74%，地下水占1.7%，湖泊占0.013%，大气中水蒸气占0.001%，而河流与小溪仅占0.0001%。其中，只有地下水、湖泊、河流与小溪中的淡水可以被人、动物、植物利用。也就是说，地球上可以供给陆地上生命的水量不到总水量的2%。由此可见，淡水资源是极其珍贵的。

171 为什么说河流是“人类文明的摇篮”？

自古以来，世界各地的大小河流沿岸，往往是人类生息繁衍的主要活动场所。河流为人类提供了水源，使人能够繁衍生息；河流还为人类提供了便利的交通，使经济得到发展。尼罗河、幼发拉底河、恒河、黄河等，曾孕育了古埃及、古巴比伦、古印度、中国等灿烂的古文明。因此，人们称河流为“人类文明的摇篮”。

地球上拥有丰富的淡水资源，但它们远非取之不尽用之不竭，其分布也不均匀。

172 河流是怎样形成的？

河流一开始是一条小溪。小溪可能是由雨水落到地面汇聚而成的，也可能发源于地下的泉水，还可能来自冰川融水或湖泊。小溪从高处流向低处，然后许多小溪碰到一起，就形成了一条河流。河水又不断地向低处流，中间又有一些小溪加入，这样一条大河就形成了。

173 为什么河流在有些河段流速很慢？

河水从山上往下流时，速度很快，水流湍急，但流到山脚下后，因为地势变平缓，所以流速开始减慢，河水在蜿蜒的河道中缓缓而行。

174 河流为什么会“九曲十八弯”？

这主要是因为两岸河水的流动速度不同，一边快，另一边则慢。河水流速较快的一边，河岸受到的冲击力也较大，易被冲塌，使河道凹进去。凸岸一边的水流速度较慢，河水挟带的碎石和泥沙会慢慢沉积。长年累月，凹岸愈来愈凹，凸岸愈来愈凸，河流便变得弯弯曲曲的了。

175 河流的尽头在哪里？

大部分河流最后都汇入了大海。河流汇入大海的地方叫河口。在干旱的沙漠区，有些河流由于河水沿途渗漏和蒸发，最后会消失在沙漠中，这种河流称为瞎尾河。

176 为什么河流入海处会形成三角洲？

河流流到入海处时，受到海潮的影响，流速减慢，使河水中携带的泥沙沉积下来。日积月累，河口处的泥沙便会形成一条露出水面的沙堤。反过来，沙堤使河流的速度更慢，泥沙沉积得更多，于是三角洲就形成了。

177 哪条河享有“河流之王”的美誉？

享有“河流之王”美誉的是位于南美洲北部的亚马孙河，它是世界上流量最大、流域面积最广的河流。流域面积达 691.5 万平方千米，几乎是世界上任何其他大河流域的两倍。据估计，亚马孙河的水量约占地球表面流动水总量的 20%~25%。河口宽达 240 千米，泛滥期流量达每秒 28 万立方米。泄水量如此之大，使距河口 160 千米内的海水变淡。

178 含沙量最大的河是哪条？

中国的黄河含沙量居世界各大河之冠。黄河是中国的第二大河，起源于青海，全长 5464 千米，流经 9 个省区，最后注入渤海。黄河的含沙量达 35 千克 / 立方米，年输沙量为 16 亿吨，占中国河流输沙总量的 61%。

179 为什么把黄河称为“悬河”？

高原的泥沙被黄河带到下游，使得下游河床变浅，河道变宽。这样日积月累，造成黄河下游泥沙大量淤积，河床不断抬升，直至完全高过地面，成为“悬河”。黄河下游的“悬河”一般都高出地面 2~5 米。

180 为什么会有瀑布？

瀑布形成的原因有很多：地壳运动制造出陡峭的岩壁，河流流到这里就会形成瀑布；河流在深浅差异很大的谷地交接处流过时，会形成瀑布；河流注入海洋处的海岸被破坏，河流就会悬挂在海岸上形成瀑布；暗河从陡峻的山崖涌出，也会形成瀑布。

181 世界上落差最大的瀑布是哪个？

位于南美洲委内瑞拉境内的安赫尔瀑布是世界上落差最大的瀑布。丘伦河水从平顶高原奥扬特普伊山的陡壁直泻而下，几乎未触及陡崖，落差达 979.6 米，是位于加拿大和美国交界处的尼亚加拉瀑布高度的 18 倍，看上去就像从天而降一样。

182 世界上最宽的瀑布有多宽？

位于非洲赞比亚与津巴布韦交界处的维多利亚瀑布是世界上最宽的瀑布。赞比西河滚滚流到这里，在 1700 多米宽的峭壁上骤然翻身，跌入深约 110 米的峡谷中，发出雷鸣般的响声，真可谓是声势浩大。

183 我国最大的瀑布在哪里？

我国最大的瀑布是黄果树瀑布，位于贵州省安顺市镇宁布依族苗族自治县境内。白水河是一条曲折的河流，到黄果树一带时，河床突然中断，水流顺势而下，形成了著名的黄果树瀑布。

184 湖泊是怎样形成的？

地表有许多天然洼地，这些洼地有的出现在地壳下降或者断开的地方，有的是强大的冰川侵蚀所造成的，有的是被山崩堵断的一段河谷，有的是老河床，有的甚至是不再喷发的火山口……当这些样式各异的低洼地积聚了一定体积的水之后，它们就形成了不同形状、不同大小的湖泊。

185 冰川是如何制造出湖泊的？

冰川制造出来的湖泊叫冰蚀湖，世界上许多著名的大湖都属于这类湖泊。在史前寒冷的冰期，地球上冰川横行。冰川会缓慢滑行，在这一过程中，它像一把巨型铁铲，将途中经过的地面刨成坑坑洼洼的槽谷或盆地。后来，气候回暖，冰川融化，融水注入谷地，便形成了湖泊。

186 湖水为什么有咸有淡？

人们把含盐量低于3‰的水称为淡水，含盐量超过24.7‰的水称为咸水。河水在流动中能带走很多盐分，然后流进湖里。如果水从湖的另一个出口流出去，湖水就是淡的；如果湖没有出口，河水不断地注入，而湖水不断地蒸发，水中的盐分就会越积越多，湖水也就变咸了。

187 湖泊会消失吗？

和地球的历史比起来，湖泊的寿命很短。湖泊一旦形成就会受到外部自然因素和内部各种过程的持续作用而不断演变。由于地壳升降运动、气候变迁和形成湖泊的其他因素在不断变化，湖泊会经历缩小和扩大的反复过程。然而，不论湖泊的自然演变采用哪种方式，结果都将是消亡。

188 世界上容积最大的湖是哪一个？

贝加尔湖是世界上容积最大的湖，位于俄罗斯东西伯利亚南部。湖体狭长弯曲，好似弯弯的月亮镶嵌在东西伯利亚翠绿的崇山峻岭之中。湖的总容积为23.6万亿立方米，占全球淡水湖总蓄水量的五分之一。假如没有其他河流注入贝加尔湖，而以安加拉河目前的年平均流量流出，需40年才能把贝加尔湖水排干。该湖的水可供50亿人饮用半个世纪。

189 死海是湖还是海？

死海位于约旦、以色列和巴勒斯坦之间。它的名字叫死海，实际上却并不是海，而是一个大湖泊，还是一个盐湖。死海里很难生存生物，那里既没有鱼也没有虾，到处死气沉沉的，因此得名死海。

190 “死海不死”指的是什么？

死海海水里含盐量高，所以水的密度非常大，人在里面能轻而易举地漂浮起来。

死海中没有生物，是因为死海的含盐量极高，是普通海水含盐量的 8 倍。据估计，死海中盐的储量约有 130 亿吨，因此水的密度非常大。人进到死海中不仅不会沉下去，相反还会漂起来，根本不可能淹死，所以就有了“死海不死”的说法。

191 南极的热水湖到底有多热？

南极的平均气温低达零下几十摄氏度。然而，在这么冷的地方却有一个热水湖，它就是范达湖，位于南极干谷区内。湖表面结有薄冰，水温为 0℃，但随着深度的增加，水温却在增高，到 68.8 米的湖底，水温竟高达 25℃。这一神奇的现象令科学家们迷惑不解。

192 西藏的五彩湖为什么是五彩的？

在我国西藏北部的小平原上，有一个神奇的五彩湖，湖水呈现出红、黄、绿、蓝、白 5 种颜色。在很久以前，五彩湖形成时，底部的土是红色的，湖水便被映出红色；后来，北风吹来一些黄土沉积在湖底，湖水又被映出黄色；再后来，那里的气候变干燥，水位下降，湖岸边形成白色的石膏层又把湖水映出白色；再加上湖水本身的反射和散射作用，湖水又呈现出蓝色和绿色。

193 沼泽地是怎样形成的?

在气候湿润的地区，河流携带着泥沙流入湖泊，由于水面变宽，水流减慢，泥沙沉积，水生植物就多了起来。一些死去的植物在湖底腐烂堆积起来，使湖泊越来越浅。当湖里的沉淀物多到一定程度时，湖泊就变成了沼泽。除此之外，也有一部分沼泽是由陆地演化的，比如冻土带、洼地、森林地带等地势低平区，因地面过于潮湿，喜湿植物丛生，也会逐渐成为沼泽。

194 全球沼泽主要分布在哪里?

世界上的沼泽主要分布在亚洲，其中西伯利亚的面积最大，欧洲和北美洲也有部分沼泽。在我国，沼泽主要分布在东北三江平原、大小兴安岭、青藏高原以及一些高山地区。

冰川之谜

195 冰川是怎样形成的？

冰川指极地或高山地区沿地面运动的巨大冰体。它不是简单地由冰冻结而成的。在寒冷的高山上和极地，因为气候寒冷，雪不容易融化，这样日积月累，雪一层覆盖一层，使得积雪的重量不断增大。太多的雪挤压在一块，时间长了就变成了冰，冰川便形成了。

196 冰川为什么会移动？

冰川的冰层非常厚，重量极大，受重力影响就会向下滑。另外，不断形成的新冰层也迫使旧冰层向下运动，所以冰川会像河流一样一直向下流动，只是速度比较慢而已，一般每年移动几米到几十米。

197 冰川都有哪些类型？

按照冰川的形态和运动特性，冰川可分为大陆冰川（大陆冰盖）和山地冰川（山岳冰川）两大类。大陆冰川又叫冰被，是冰川中的“巨人”，多出现在两极地区；山地冰川形成于山地地区，比大陆冰川小得多，且会形成冰塔、冰洞等奇观。

198 南极的冰川有多厚？

南极大陆 95％以上的地区被巨厚的冰川所覆盖，只有南极大陆边缘区域有季节性的岩石出露，其余的绝大部分常年都覆盖着冰川。冰层的平均厚度为 2000 米左右，最厚的地方达 4800 米，形成了一个巨大的冰盖，总体积为 2800 万立方千米。如果将南极的冰川全部融化，那么全球平均海平面将升高 55~60 米。

199 冰山是怎样形成的？

冰山其实并不是真正的山，而是漂浮在海上的巨大冰块。在两极地区，海洋中的波浪和潮汐猛烈地冲击着伸入海中的大陆冰川，天长日久，冰体发生断裂，滑到海中，漂浮在海面上，就形成了所谓的冰山。冰山的形状主要有平顶形和角锥形两种，大的冰山能保持 2 ～ 10 年的寿命。

200 冰山为什么不会沉没在水里？

水在 4℃时密度最大，低于 4℃后，便不再遵循热胀冷缩的规律，而是反常膨胀，温度降低，体积增大，这时冰的密度会小于水的密度，冰便会浮在水上。大多数冰山的比重为 0.9，所以冰山露出水面的一角仅仅是整座冰山的十分之一。

201 什么样的水体才算地下水？

广泛埋藏于地表以下的各种状态的水，统称为地下水。例如，涓涓细流的清泉，喷涌而出的喷泉，暗暗流淌的地下河……在世界各地，只要人们从地面向下挖掘一定的深度，几乎都能找到地下水的身影。

地下水如果不经补给，也是会枯竭的。通常，通过降雨、灌溉、地下径流、渠道或河道渗漏等多种途径，可对地下水量进行补充。

202 地下都是岩石，地下水储存在哪里？

岩石是有裂隙的，地下水就储存在岩石的裂隙中，并且有水位，从高水位处流向低水位处。岩石的裂隙有大有小，所以储水能力也各不相同。当岩石非常致密时，就几乎不储水，也不透水，形成所谓的隔水层。不同含水层中的水有不同的叫法：埋藏在第一个隔水层之上的地下水称潜水，埋藏在上、下两个隔水层之间并承受一定压力的地下水称承压水。

203 泉是怎样形成的？

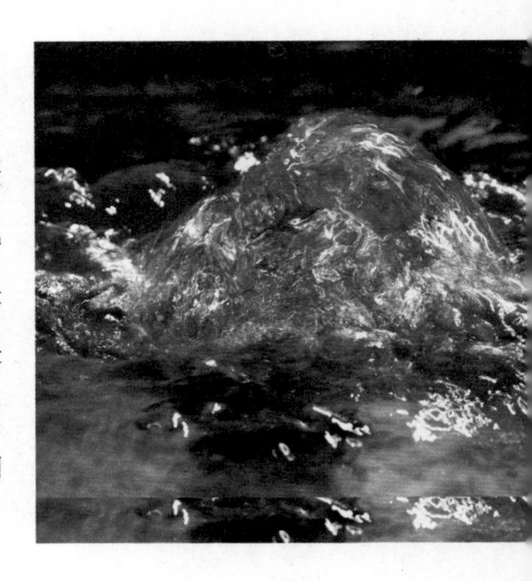

当地下的含水层或含水通道被侵蚀露于地表时，在适宜的条件下，地下水便会涌出来形成泉水。泉往往是以一个点状泉口的形式出现，有时是一条线或是一个小范围地方。泉在山区和山前地带比较常见，在平原区却很少见。

204 温泉的水为什么是热的？

在地下很深的地方，有温度很高的岩浆，地下水从那里经过时被烤得很热，于是就变成了热水。当这些热水从地下冒出来时，就出现了我们所说的温泉，所以温泉的水也就是热的了。

205 海上也有泉吗？

在希腊东南面的爱琴海海底有一处涌泉，一昼夜能流出100万立方米淡水。在美国佛罗里达州和古巴之间，海面上有一个直径30米的淡水区，人称“淡水井”。在我国福建省古雷半岛以东有个莱屿，距该岛500米的海面上也有一个淡水区，叫“玉带泉”。这些淡水都是由海底喷泉形成的。

206 虹吸泉为什么会时涨时落？

通常，在虹吸泉附近较高的地方，都有个天然溶洞，各处渗流过来的水都贮存在溶洞内，而溶洞和虹吸泉之间有一条天然的地下渠道相连。当溶洞内的水积至淹没渠道最高部位时，水将渠道内的空气挤掉，从溶洞源源不断地向泉水处流去，直至溶洞内的积水水位下降到不再同渠道接触为止。而泉水涨到一定程度时会溢出，水位再次下降，如此往复，便好像海水一般时涨时落。

207 间歇泉为什么会喷喷停停？

间歇泉的喷发大多与火山有关。间歇泉大多分布在火山区内，因此它的通道下部接近热源，当储存在通道下面的水受热以后，温度会逐渐上升，但因通道狭窄不易对流，当下面的水变为水蒸气后，就会将上面好像瓶塞一样的水冲出地面，造成一次喷发。如此循环不止，就形成了间歇泉。

美国黄石公园的“老实泉”就是个间歇泉，它每隔66分钟喷发一次。

208 井里为什么能打出地下水?

井不同于泉，它是人工开凿的能取出地下水的深洞。人们把含水层打了个洞，让原本在含水层流动的水流了出来，所以井里面就有了水。钻到潜水中的井是潜水井；打穿隔水层，钻到承压水中的井，叫承压井。

209 自流井为什么能自动出水?

在有利的地形条件下，像在一些盆地内或山坡脚下，当地面高度低于承压水的水位时，在这里开凿出的井，井水会自动喷涌出地表，形成自流井。有些井中的地下水虽然上涌，但不能喷出地面，它叫半自流井。

210 为什么说新疆的坎儿井设计得很巧妙？

新疆的坎儿井巧妙适应了干旱地区山前地带的自然条件，既能减少水分蒸发，又便于取水、输水。它的构造包括地下廊道和一系列竖井。地下廊道底部低于地下水位的部分用以截取地下潜流，高于潜水位的部分用于输水。竖井作为取水及维修的通道。地下廊道出口处往往还建有储水池。

211 为什么不能过度开采地下水？

过度开采地下水会造成一系列不利的影响，例如：地下水位迅速下降形成地下水漏斗区，可导致地面沉降、塌陷；会使河流、湖泊水量减少，形成干涸等灾害；泉、井会发生枯竭；影响植被生长，不利于水土保持；等等。因此，地下水的开采和利用应该有节有度。

212 洪涝灾害是怎样形成的？

洪水是形成洪涝灾害的直接原因。洪水可分为河流洪水、湖泊洪水和海岸洪水，其中影响最大、最常见的是河流洪水引发的洪涝灾害。流域内长时间的暴雨会造成河流水位暴涨，从而引发堤坝决口，使洪水淹没房屋、农田，造成重大危害。

213 为什么会发生海啸？

海啸是一种具有强大破坏力的海浪，巨浪涌向海岸时，可将沿海地带淹没，造成灾难。引发海啸的原因有很多，如海底斜坡失去平衡发生滑坡或是地震，均会引起强烈的震动，震波使海水水位暴涨，发生海啸；强大的台风经过海面，掀起巨浪，从而引发风暴海啸。

214 赤潮是水污染造成的吗?

赤潮是由于生活在海水中的某些浮游生物，遇到适宜的环境条件而暴发性地繁殖或大量地聚集在一起，使海水的颜色发生变化的现象。引发赤潮的原因有很多种：由于人工排污把各类物质排入海中，使沿岸海域的营养物质过量地增加，或使海水受到污染；另外，海水流动性差，海水之间交换能力弱，高温少雨等，也会导致赤潮发生。

215 赤潮都是红色的吗?

赤潮是一个历史沿用名，实际上并不一定都是红色的，具体颜色完全由引发赤潮的生物种类和数量来决定，如夜光藻、中缢虫等形成的赤潮是红色的，裸甲藻赤潮则多呈深褐色、红褐色，角毛藻赤潮一般为棕黄色，绿藻赤潮是绿色的，一些硅藻赤潮一般为棕黄色。

216 厄尔尼诺是怎么回事?

在某些年份，赤道东太平洋沿海区的水温异常性地急剧升高，冷水性浮游生物和鱼类由于来不及适应这种环境而大量死亡。人们把这种海水温度季节性上升的现象称为厄尔尼诺。这使得原属冷水域的太平洋东部水域变成暖水域，结果引起海啸和暴风骤雨，造成一些地区干旱、另一些地区又降雨过多的异常气候现象。

卫星拍摄的厄尔尼诺现象图片

217 厄尔尼诺多久发生一次？

厄尔尼诺现象是周期性出现的，一般每隔 2~7 年出现一次，但是在 20 世纪 90 年代后，这一现象却出现得越来越频繁。不仅如此，伴随着周期缩短，这一现象滞留的时间却在延长。通常，厄尔尼诺现象历时一年左右，大气的变化滞后于海水温度的变化。

218 拉尼娜是怎么回事？

拉尼娜是赤道东太平洋海水表层水温异常降低的现象，正好与厄尔尼诺相反，所以也称反厄尔尼诺现象。从 20 世纪初到 1992 年期间，拉尼娜现象共发生了 19 次，每 3~5 年发生一次，但有时间隔也达 10 年以上。拉尼娜多数是跟在厄尔尼诺之后出现的，影响和破坏力没有厄尔尼诺严重。它使美国西南部和南美洲西岸变得异常干燥，使澳大利亚、印度尼西亚、马来西亚和菲律宾等东南亚地区出现异常多的降雨，并且使非洲西岸及东南岸、日本和朝鲜半岛异常寒冷。

第四章

地球上的大气

蓝蓝的天上白云飘。我们翘首望天，似乎高不可及。其实我们所看见的这个“天”，本是“地”的一部分——地球大气圈的低层，它的高度不过十几千米，宇宙火箭很容易就能穿越这个高度。到太空中回顾地球，蓝天却已跑到我们脚下，似轻烟，似薄雾，仿佛一层蔚蓝色的软纱裹在地球的表面。

——〔中〕陶世龙《地球的面纱》

大气结构之谜

219 大气层是怎样形成的？

最初，当地球刚由星际物质凝聚成疏松的一团时，大气不仅存在于地球表面，而且还渗入地球里面。后来，由于地心引力的作用，这个疏松的地球团不断收缩变小，里面的空气受到挤压，跑出来逸散到太空中。当地球收缩到一定程度后，地壳出现，那些被挤出地壳的空气围在地球表面，形成了大气层。这层原始大气在经过漫长的自然环境改造后，才变成今天这个模样。

220 地球周围的大气为什么不会消失？

因为有地球引力的作用，大量气体被束缚在地球周围，所以无法散去。这些气体形成大气层，与地球一起自转，为人类的生存提供了可靠的保障。

221 大气有多重？

地球外面裹着的这层大气，虽然看不见，但它的质量却大得惊人。据科学家估计，整个地球周围有 5100 多万亿吨的空气。如果人体内没有向外的压力，那么人体就会被压得粉身碎骨。由于地球引力的作用，大气质量的十分之九都集中在近地面 16 千米以内的大气层里。

222 大气层的外缘有边界吗？

大气层的气体密度随高度的增加而变得愈来愈稀薄，直到成为太空的真空状态，因此大气层的外缘没有明显的边界，大气厚度一般估计可达到 2000 千米以上。不过，探空火箭在 3000 千米高空仍发现有稀薄大气。有人认为，大气层的上界可能延伸到离地面 6400 千米左右的高空。

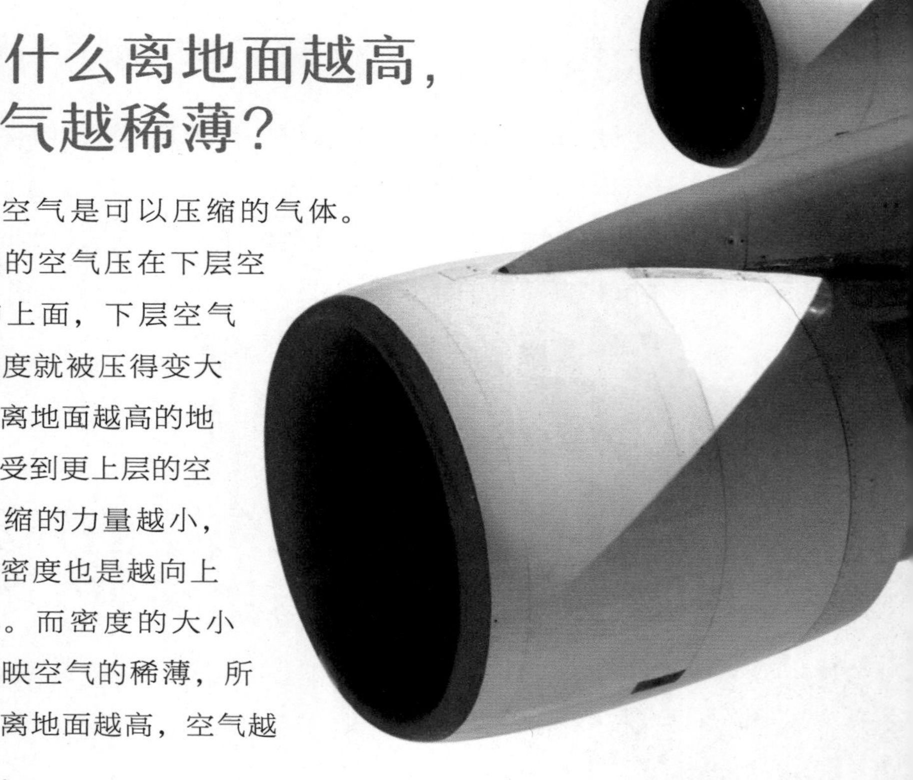

223 为什么离地面越高，空气越稀薄？

空气是可以压缩的气体。上层的空气压在下层空气的上面，下层空气的密度就被压得变大了。离地面越高的地方，受到更上层的空气压缩的力量越小，所以密度也是越向上越小。而密度的大小能反映空气的稀薄，所以说离地面越高，空气越稀薄。

224 大气是由哪些物质构成的？

大气的组成成分很复杂，除了水汽、液体和固体杂质外，所有的气体都称为干洁空气。干洁空气中氮气和氧气的含量最多，两者共占 99% 以上，剩下的 1% 就是氩、二氧化碳、氖、氙（xiān）、氪和臭氧等微量气体。大气中的各种物质都很重要，像水汽和尘埃颗粒，是形成云、雨、雾、雪的重要条件。

225 大气中的水汽来自哪里？

大气中的水汽主要聚集在大气层的底部，含量很少。这些水汽来自于江河湖海和湿土的蒸发，以及植物叶面的蒸腾。水汽存在一些形态的变化，因此就有了雨、雪、云、雾等天气现象。

226 大气是依据什么分层的？

大气像一层透明的外衣裹在地球的身上，但它并不是均一的，它的密度会随着高度的增加而减小。在垂直方向上，根据大气的气温、大气的密度、大气受扰动的程度以及有无电离现象等特征，可将大气分为对流层、平流层、中间层、暖层和散逸层，再往上就是星际空间了。

227 对流层在大气的哪个位置上？

对流层是大气的最底层，它在地球表面各处的厚度会因为纬度和季节的不同而不一样。从低纬度到高纬度，对流层在逐渐变薄，厚度在 8~18 千米之间不等。别看对流层只是薄薄的一层，但它却占大气总量的 75% 左右。

228 对流层有哪些显著特征？

对流层的气温随着高度的增加而降低，每升高 100 米，气温下降 0.65℃。在对流层中，大气有明显的对流现象，暖的地方空气上升，冷的地方空气下降。这种强烈的对流运动促进了水分和热量的运输和交换，因此云、雨、雪等天气现象都出现在这一层。

229 哪层大气最适合飞机飞行？

从对流层顶到 50~55 千米的高空为平流层，这里空气稀薄，水汽和尘埃含量少，垂直气流显著减弱。平流层中的空气以水平运动为主，整个平流层很平稳，因此是飞机高速飞行的理想区域。

230 哪层大气最能吸收紫外线？

平流层中拥有大气中 97% 以上的臭氧，它们集中在平流层的下部，构成了一个臭氧层。臭氧层能吸收太阳辐射中 90% 的紫外线，紫外线过多会使地球上的生物受到伤害，臭氧层就像地球的一把遮阳伞，保护地球免受强烈紫外线的伤害。

231 大气中的臭氧是怎样形成的？

臭氧是种无色有臭味的气体，很不稳定，极易分解。臭氧在大气中通常只分布在对流层和平流层中。对流层中的臭氧主要是当前城市大气光化学烟雾污染的产物，也有一小部分由雷电产生；平流层中的臭氧主要是紫外线制造出来的，氧气分子受到紫外线照射时，会变成原子状态，氧原子极不稳定，与氧气分子反应，便形成了臭氧。

232 对流现象只在对流层内出现吗？

对流现象不仅仅只出现在对流层里。在中间层里，由于大气上部冷、下部暖，导致空气也开始产生对流运动。然而，中间层的空气稀薄，虽有对流运动，但剧烈程度无法与对流层相比。

233 中间层为什么上冷下暖？

从平流层顶到 85 千米的高空为中间层。中间层的气温是随着高度的增加而降低的。中间层的下部是平流层，那里的臭氧多，吸收大量的紫外线，温度非常高，所以中间层的下部比较热。中间层中臭氧含量少，氮和氧所能吸收的短波辐射又早已被更上一层的大气所吸收，所以上部的温度低。

234 为什么暖层的温度很高？

从中间层顶向上到 800 千米处是暖层。在暖层，温度随着高度的增加而迅速增高。这层的大气物质能够吸收波长小于 0.175 微米的所有的太阳紫外线辐射，因此温度能升得很高，到 300 千米高度时，气温可达 1000℃以上。

235 哪一层大气处于高度电离状态？

暖层的空气密度很小，上部的空气密度仅为地面空气密度的百亿分之一。然而，这一层的氧分子和部分氮分子在太阳紫外线的作用下分解为原子，处于高度电离状态，所以这一层又叫电离层。电离层对电磁波影响很大。我们可以利用电磁短波能被电离层反射回地面的特点，来实现电磁波的远距离通信。

236 大气的最外层具有什么样的特点？

暖层以上还有一层大气，它是大气的最外层，称为散逸层。散逸层是大气层与星际空间的过渡层，没有明显的界线。这层大气很稀薄，温度随着高度的增加而升高。这里离地球表面较远，受地球引力作用小，因此一些高速运动的空气粒子会不断地向星际空间散逸。

237 大气是靠什么物质来增温的？

大气中氮和氧占了 99%，可是它们对太阳辐射的吸收作用却很弱。相反，大气中含量不多的二氧化碳、水汽和臭氧却具有很强的吸收能力，不过它们吸收太阳辐射是有选择性的，主要吸收紫外线和红外线，而这些射线可以很好地为大气增温。

238 为什么能够预测未来气候变化的趋势？

与天气现象不同，气候反映的是一个地区天气变化的长期特征，因此预测起来难度很大。不过，长期的气象研究结果表明，气候变化其实是有规律可循的，只不过预测时需要依据古代、近代和现代的气候特征，找出气候演化的规律，这样才能预测未来的气候变化趋势。

239 人们是怎样知道以前的气候的？

人类形成前的气候称为地质气候。地球从形成到现在已经有几十亿年了，人们对地质气候的研究主要使用的是地质沉积物和古生物学的方法。人类出现后，人们已经对气候有所记载，一般采用的是物候、史书、方志等形式，通过这些记录可以了解当时的气候。

240 地质史上的冰期是怎么回事？

在人类出现以前的地质时期中，地球上的气候是不断变化的，时而温暖，时而寒冷。人们将总体气候比较寒冷的时期称为冰期，将冰期与冰期之间的时期称为间冰期。冰期时，冰川大规模扩张或前进；间冰期时，冰川消融后退。一般认为，冰期的气候要比现在寒冷，气温低 3℃ ~7℃，降水量也比现在大。

241 地球上共出现过多少次大冰期？

在几十亿年的地质史中，全球至少出现过 3 次大冰期，周期为将近 3 亿年发生一次。第一次发生在大约 6 亿年前的元古代末期，称为震旦纪大冰期；第二次发生在大约 3 亿年前的石炭纪至二叠纪；第三次是从大约 200 万年前开始到大约 1 万年前结束的第四纪大冰期，其中冰川最强盛时，32％的陆地被冰川覆盖，海平面要比现在低大约 130 米。

242 地球上为什么会有四季？

地球在自转的同时，还沿着一个固定轨道绕太阳公转，但地球的自转轴始终保持着固定不变的倾斜姿势，这使得太阳的直射点在赤道和南北回归线之间来回移动，导致地球表面各处接收到的阳光强度时强时弱，由此引发具有气候差异的四季现象。

243 为什么会有气候带？

地球表面由于受到太阳光照射的角度不同，每个地区吸收到的太阳热量也有明显的差别，由此产生了气候的差异。由于太阳光照射地面的角度随纬度增高而递减，这使得地球上的气候呈现出按纬度分布的地带性。地球气候带大致分为热带、温带和寒带，因为南北半球各有一个温带和寒带，所以总共有 5 个气候带。

244 为什么赤道不是最热的地方？

一般情况下，赤道上的最高气温不超过 40℃，而很多沙漠地区的最高气温往往都在 50℃以上。从地理位置上说，赤道应该是最热的地方，但是赤道附近大部分地区都被海洋所占据，海水吸热，升温比较慢，所以赤道地区的气温都不是很高。

245 南极为什么比北极冷？

南极是大陆，储藏热的能力较弱，夏季获得的热量很快就被辐射掉了，结果造成南极的年平均气温只有 -56℃。北极绝大部分地方都是海洋，海水的热容量大，能吸收较多的热量，热量散失比较慢，所以那里的年平均气温会比南极高出 8℃左右。

246 在沙漠气候区，为什么昼夜温差那么大？

沙漠上白天的气温可超过 70℃，非常炎热，可是到了夜晚，会降到 0℃以下，寒冷刺骨。沙漠上的温差之所以这么大，是因为沙漠地区很干燥，上空很难形成云层，白天地面被太阳烤得火热，晚上热量很快散失，所以温差很大。

247 我国是冬季同纬度上气候最冷的国家吗？

我国黑龙江的呼玛镇和英国伦敦处在相同的纬度上。但是当伦敦气温为 4℃时，呼玛镇的气温已经是 -28.6℃。在冬季，西伯利亚是北半球冷空气的源地，从那里刮来的冷空气常常光顾我国的北方地区，在它的影响下，我国冬季的气温自然就是同纬度国家里最低的了。

248 地形会影响气候吗？

地形对气候的影响不仅大，还很复杂。例如，高山能阻挡北来的寒潮，也能使南来的暖湿气流缓慢地向北移动。所以，高大山脉会形成气候的分界线，使山体两侧的气候存在明显的差异。局部地形由于海拔高度、坡向、坡度和地貌类型的差异，也会形成不同的气候。

249 山地气候有什么特点？

山地气候是受山脉高度和山脉地形的影响形成的，主要特点是：气温随着海拔高度的增加而降低，风速随着海拔高度的增高而增大，降水量随着海拔高度的增加而增加，大气压随着海拔高度的增加而降低。

250 海洋和陆地会对气候产生哪些不同的影响？

海洋的反射率小，吸收和存储的热量多，升温和降温的速度慢，而陆地正好相反，由此形成差异明显的海洋性气候和陆地性气候。海洋性气候变化比较和缓，陆地性气候变化比较快；海洋性气候的最冷月和最热月出现的时间比同纬度的大陆地区晚一个月，分别为2月和8月。

251 热带草原地区为什么干湿季节分明？

热带草原分布在南北纬10°到南北回归线之间，即在热带雨林的两侧。热带草原地区的气候被两种类型的气团所控制，不同气团决定不同的季节。当赤道气团控制草原时，就是多雨的湿季；当大陆气团控制草原时，就是干燥少雨的旱季，所以这里的干湿季节非常明显。

热带草原的景象

252 季风气候是怎样形成的？

季风气候指受季风（一种风向随季节发生明显变化的风系）支配地区的一种气候，主要特征是：冬季风由大陆吹向海洋，天气寒冷干燥；夏季风由海洋吹向陆地，天气炎热潮湿。季风气候是由海陆热力性质差异或气压带、风带随季节移动而引起的。世界上有许多地区都存在季风气候，但以亚洲东部和南部的中国、日本、朝鲜、中南半岛和印度半岛等地最为显著。

253 人们为什么称信风为“贸易风”？

信风是发生在低纬度地区的一种风向稳定、风速很少变化的风系，因此海员们称它为守信用的风，得名“信风”。在驾驶帆船进行海外贸易的年代，人们往往利用这种风在大海上扬帆远航，所以又称它为“贸易风”。信风在北半球为东北风，在南半球为东南风。

254 地中海气候只在地中海地区才有吗?

地中海气候是亚热带、温带的一种气候类型，它的特点是：夏季炎热干燥，高温少雨；冬季温和多雨。气候名称的由来，源于这一气候在地中海沿岸地区最为典型。事实上，除了地中海，北美洲的加利福尼亚沿海、南美洲的智利中部、非洲南部的开普敦地区以及大洋洲的南部和西南部也都有这种气候。

255 极地气候具有什么样的特点?

极地气候区大部分位于极圈以内，太阳光只能以很小的角度斜射这个地区，因而这个地区所获得的太阳辐射很少，再加上地面多为冰雪覆盖，地面的反射率很高，获得的少许热量中又有一部分被反射回去，而未被反射掉的能量又大多消耗于冰雪的融化，因此，极地气候区最主要的特点就是终年严寒，无明显的四季更替变化。

256 什么是天气？

天气可以理解为天气现象和天气过程的统称。天气现象是指在大气中发生的各种自然现象，即某瞬时内大气中的各种气象要素，如风、云、雾、雨、雪、霜、雷、雹等，在空间分布的综合表现。天气过程就是一定地区的天气现象随时间的变化过程。

257 为什么可以预报天气？

任何一个地方，气象要素的变化都和一定的天气形势演化密切相关。天气虽然是瞬息万变的，但是只要掌握了它的形成和演化规律，就可以根据当时的天气形势和变化趋势，来预测未来的天气。

258 为什么有时候天气预报不准？

天气预报只是对未来天气的预测和分析，它不可能与实际的天气状况完全一致，也就是说，人们无法百分之百准确预报天气。一方面，天气受各方面因素的影响变化无常；另一方面，我们使用的各种仪器也并不精确完美，因此人们只能大体把握天气变化的形势。

259 大气中的水是如何转化的？

大气中的水主要有三种状态：气态（水蒸气）、液态（云、雨、雾）、固态（冰晶、雪）。水的这三种状态在一定条件下是可以互相转化的。在太阳能和地球表面热能的作用下，地球上的水不断蒸发，成为水蒸气，进入大气。大气中的水蒸气遇冷又凝聚成水滴或冰晶，在重力的作用下，以降水的形式落到地面。这个过程周而复始，实现了自然界的水在大气中的循环。

260 云是怎样形成的？

云主要是由水汽凝结形成的。地面富含水汽的热空气在抬升过程中，温度会逐渐降低，当升到一定高度后，空气中的水汽就会达到饱和。继续抬升的话，如果那里的温度高于0℃，则多余的水汽就凝结成小水滴；如果温度低于0℃，则多余的水汽就凝华为小冰晶。这些小水滴和小冰晶会逐渐增多，当它们达到人眼能辨认的程度时，云就出现了。

261 为什么云不会从天上掉下来?

这是因为云的密度很小，只有0.4克/立方米，再加上地面的热空气和水汽总在源源不断地往上升，它们就好像一只无形的大手，把云托着，所以云才会浮在空中，随风飘来飘去，而不会掉下来。

262 云是什么颜色的?

我们经常看到洁白的云，事实上，在不同的条件下，云看起来会有不同的颜色。日出或日落时，由于阳光的斜射，云底和边缘会变成红色。下雨之前，天空有很厚的积雨云，光线很难透过来，因此云层看起来会很黑。如果是稍微薄一点的云，看起来就是灰色的。如果是很薄的云丝，在明亮的阳光下看过去，就好像是透明的。

263 半山腰为什么经常飘着一些云？

我们在攀登高山时，经常会发现在山腰上飘着一些云，可当你走近时却看不到它们了。其实那些不是云，而是雾。因为云和雾本质上是一样的，所以从山顶向下望去，常以为那就是云。

264 云为什么会有不同的形状？

云的形状之所以千变万化，是由大气中的温度、湿度以及风等因素决定的。天上的云大致可分为块状、波状和层状三种形状。块状云像一团棉花或山峰，常常是孤立、分散地飘浮在蓝天上；波状云看起来像起伏不平的波浪；布满天空的云是层状云，它往往既厚又宽，能遮盖较大的范围。不同形状的云，能反映出不同的天气状况。

265 鱼鳞状的云预示着哪种天气?

鱼鳞状的云是由地面附近的大量暖空气上升，四周的冷空气挤过来造成的。这种云密密地排在天空中，就像鱼身上的鳞片一样。当这种云出现时，一般会下雨，就算不下雨，也会刮很长一段时间的大风。因此，民间有“鱼鳞天，不雨也风颠”的谚语。

266 按高度划分，云可以分为哪几种类型?

按照云底的高度来划分，云可分为三种类型：低云、中云和高云。低云大多是由水滴组成的，云底一般在 2500 米以下；中云多由水滴和冰晶混合组成，云底一般在 2500~5000 米之间；高云基本上是由冰晶组成的，云底高度在 5000 米以上。

267 雾也是一种云吗？

当气温下降时，在接近地面的空气中，水蒸气凝结成悬浮的微小水滴，使空气变得混浊，能见度变差，雾便出现了。雾和云本质上没什么区别，只是雾离地面比较近，也就是说，雾是地面上的云。

268 为什么湖面上经常有雾？

晚上，水冷却得比较慢，水面上的空气很温暖，但是陆地冷却得比水快些，陆地上的气温因此会降得比较低。这时，水面上温暖的空气上升，陆地上较冷的空气补充过来，含水量较大的暖空气遇到冷空气，其中的水汽便凝结成水滴，形成了雾。

269 大雾过后会是什么样的天气？

民间有个谚语“十雾九晴”，就是说大雾过后，基本上会是个晴天。雾是离地面很近的云，有雾时高空中大多不会有云了。太阳出来后，雾里面的小水滴被蒸发为水蒸气，大雾散去，便是万里晴空了。

270 什么样的雾容易下雨？

清晨时，雾很大，而且半天也不散去，这时就很可能要下雨了。一般情况下，雾在上午就会散去，如果不散去就证明在雾的上面有一片雨云，它遮住了太阳光，使雾无法散去。所以，遇到大雾不散，那很可能就是要下雨了。

271 为什么会下雨？

雨是从云中降落到地面的水滴。云中聚集着无数微小的水滴或冰晶。冷云中的冰晶互相碰撞，就降落下来，在下降的过程中会融化，变成雨；暖云中的小水滴不断合并增大，直到上升的气流托不住它们时，才变成雨落到地面。

272 雨分为多少种？

根据降水量的多少，雨可以分为小雨、中雨、大雨、暴雨、大暴雨和特大暴雨。另外，我们把那些细如牛毛的雨，叫作毛毛雨；将时大时小、下一会儿停一会儿的雨，称为阵雨；将一连很多天下个不停的雨，叫连阴雨。

273 为什么会有“东边日出西边雨”的现象?

我们经常会遇到这种现象：东边艳阳高照，可是西边却在下雨。这种雨都是雷阵雨，降雨范围比较小，经常会在一个小范围内存在，所以有的地方在下雨，而邻近的某个地方却是晴天。

274 下雨前鱼为什么要浮到水面上?

下雨前，经常会看见鱼游到水面上，甚至从水里跳出来。这是因为要下雨时，气压降低，溶解在水中的氧气减少，鱼儿们呼吸困难，所以就跑到水面上来呼吸空气。

275 天上为什么有时下大雨，有时下毛毛雨？

我们知道，雨滴是由云里的水汽遇冷变成的。如果云层很厚、很大，里面的水汽很多，形成的雨滴便会很大，下的就是大雨；如果云层较薄，云里的水汽也不太多，形成的水滴就会很小，下的是小雨；如果水滴很小，在空中轻飘飘的，就成了毛毛雨。

276 我国江南为什么会有梅雨？

梅雨是我国江南一带初夏时的一种天气现象，它是受地理位置影响而产生的。冷空气和暖空气在这里相遇，两者相持不下，不断地产生气团（气温、湿度等都大致一样的大片空气），从而出现大范围的阴沉多雨带。这样的雨季要持续一个月左右，而这时正是梅子成熟的季节，所以称梅雨。

277 人工可以降雨吗？

雨是由云带来的，而云可分为冷云和暖云。冷云要降雨必须具备冷水滴和冰晶共存的条件。对于有充分冷水滴却缺少冰晶的冷云，我们只要向空中撒上催化剂制出冰晶，就可以降雨；暖云内有许多小水滴，但缺少能增大为雨滴的大水滴，这时我们只要加入可吸湿的催化剂，就能够降雨了。

278 为什么夏天经常有雷阵雨？

夏天的天气热，空气在局部地方出现强烈的对流，使大量的湿热空气猛烈上升，形成积雨云。这种云的体积比较小，降雨时大时小，而且一阵有一阵无，所以叫它雷阵雨。由于积雨云几乎只能在夏季形成，所以雷阵雨也常常在夏天出现。

279 为什么雷雨前天气很闷热？

雷雨前，地面温度很高，空气潮湿，天气闷热。这是因为要产生雷雨天气的地面温度一定得高，而且空气中的水汽要多，这样潮湿的空气才会上升，在高空形成积雨云，才可能有雷雨发生。所以，雷雨前必然会感到闷热。

雷电是一种伴有闪电和雷鸣的雄伟壮观而又有点令人生畏的放电现象。雷电一般产生于对流发展旺盛的积雨云中，因此常伴有强烈的阵风和暴雨，有时还伴有冰雹和龙卷风。

280 为什么会打雷？

下雨时，天上的云有的带正电，有的带负电，两种云碰到一起时就会放电，制造出很亮的火花，这就是闪电。两种云相撞会产生很大的能量，使周围的空气受热迅速膨胀，发出很大的响声，这就是雷声。

281 为什么有时候只打雷不下雨？

这是因为冷热气流通过上下强对流形成的雷雨天气，往往是小尺度的天气系统，降水的范围较小，方圆小的不过10千米，大的也不过二三十千米。能看到闪电或听到雷声的地方，不一定正好在下雨的范围内，所以就会看不见雨。

282 为什么闪电持续时间很短，雷声却很长？

闪电发出的是光，而且是瞬时发光，转眼间就能传播到极远的地方，我们无法再看到。而雷声是空气振动产生的声音，它在空中传播时会反复被云层反射，所以会持续很久。

283 为什么会先看到闪电后听到雷声?

我们经常看到天空中先是划过一道闪电，接着才听到打雷的声音。其实闪电和雷声是同时发生的，但是光在空气里的传播速度差不多是 30 万千米 / 秒，声音在空气中的传播速度大约是 340 米 / 秒，声音跑得比光慢得多。

284 闪电有多长?

闪电的长短各异，没有固定的长度。在高原地带经常出现一些较短的闪电，最短的闪电只有 100 米。在平原一带的闪电比较长，可以达到五六千米。到目前为止，人们探测到的单次最长闪电长达768 千米。

285 打闪时为什么不要站在树下?

从小父母就告诉我们，打闪时千万不要站在树下。高耸的物体受到闪电的影响，很容易聚集感应电荷，把闪电拉过来。所以，当雷雨天打闪时，要离旗杆、高树、塔尖、烟囱等高耸的物体远些，以免被闪电击中。

286 在海洋上航行的船只为什么很少被闪电击中？

在海洋上航行的船只很少被闪电击中，是因为在海洋上很少有闪电。闪电的发生首先要有雷雨天气，在辽阔的海面上空天气比较稳定，雷雨一般不会发生，所以就很少有闪电了。

287 为什么会有冰雹？

夏天时，地表温度很高，大量的水蒸气急速向上升。这时高空的温度很低，在 -20℃以下，上升的水蒸气在这里变成了小冰粒。小冰粒们从高空落下时，会遇到往上升的水蒸气，一些水蒸气在它们表面结成冰，同时它们会被这股上升气流托着再次上升。就这样，它们在空中反复地落下再上升，被包上一层层冰衣，直到太重了落下来，就形成了冰雹。

冰雹常砸坏庄稼，威胁人畜安全，是一种严重的自然灾害。雹块越大，破坏力就越大。

288 冬天为什么没有冰雹？

积雨云要想产生冰雹就离不开很强的上升气流，而上升气流是由空气强烈对流造成的。在暖季，湿热的空气在强烈的阳光照射下，下热上冷，发生强对流，形成积雨云，极易发生冰雹；而在冬季，阳光斜射，空气干燥，地面的温度很低，气流稳定，不容易形成积雨云。因此，在冬季不会下冰雹。

289 为什么夏天会感到闷热？

夏天，太阳照射的时间长、强度大，使空气的温度升得很高，比人体的温度高得多。同时，高温空气里所含的水汽又特别多，若是遇到无风或风力小的天气，汗水不容易蒸发，人体内的热量向体外发散就很困难。因此，人们就会感到闷热无比。

290 秋天的天气为什么“秋高气爽”？

一方面是因为我国许多地区的雨季在夏季，经过雨季的洗礼后，大气中的尘埃杂质大为减少，大气透明度大大提高，天空显得明净。另一方面，9 月初就有冷空气频频南下，使夏季滞留的暖湿空气迅速南移，地面受冷高压的控制，而高空副热带高压南撤一般要缓慢得多，于是高低空同时受高气压控制，下沉气流盛行，不利于云雨形成，就会出现碧空万里的景象。

291 露水是从哪里来的?

以前的人常说，露水是无根的水，是从天上掉下来的，其实它根本就没上过天，而是地面附近的水汽凝结而成的。白天，大地不断地吸收阳光，温度很高；晚上，大地的热量很快地散发出去，温度骤然下降，空气中的水汽冷却，形成水滴，附着在花草树木上，就形成了露珠。

292 为什么说露水不干净？

树叶上的露水晶莹剔透，阳光照上去亮晶晶的，像珍珠一样。很多人用露水沏茶，其实露水并不干净，它是在低层大气中形成的，含有很多的尘埃和杂质。从纯度上来讲，它还没有雨水干净呢！

293 霜是怎样形成的？

在寒冷季节的清晨，草叶上、土块上常常会覆盖着一层霜。霜是一种白色的冰晶，多形成于夜间。夜晚，地面的温度降得比空气中的快，当温度下降到 0℃以下时，接近地面的水汽就会凝结成冰晶，形成霜。

294 为什么下霜预示着好天气的来临？

霜是因为地面温度下降快而形成的。霜的出现，说明当地夜间天气晴朗并寒冷，大气稳定，地面辐射降温强烈。如果是阴天，地面向外散热就变慢了，不容易有霜；如果刮大风，空气流动得快，地面的温度和空气的温度很快就中和了，温差不大，也不容易形成霜。因此，民间有“霜重见晴天”的谚语。

295 什么样的天气才算寒潮？

有人觉得但凡冷空气的侵袭都是寒潮，其实并不是这样的。通常，冷空气侵袭到某地以后，使那些地方的温度在一天以内降低 8℃以上，同时那一天的最低温度又在 5℃以下时，才能把这股冷空气叫作寒潮。我国的寒潮主要来自北极地带、俄罗斯西伯利亚和蒙古等地南下的冷高压。

296 “寒潮过后天转晴，一转西风有霜成”是什么意思？

这是民间流行的一句谚语，它很准确地表述了冬季的一种天气现象。在寒冬季节，我国南部某些地区受寒潮影响时，经常刮东北风，并伴有阴雨天气。一旦东北风转为西风或西北风，天放晴，就预示着第二天清晨有霜出现。

297 雪是怎样形成的？

我国北部地区冬天都会下雪，这是由北方向南流动的寒潮和南方的暖湿空气相接触造成的。暖空气比冷空气轻，它被冷空气抬升到上面去，这样暖空气受冷，里面的水汽就会凝结成冰晶，然后不断增大，变成雪花落下来。

298 下雪为什么有利于农作物生长？

冬天很冷，会经常下雪。雪就像厚厚的棉被一样覆盖在农作物上，把农作物保护起来，使它们和外面的冷空气隔离，不会被冻坏。当春天到来时，积雪融化，既能够滋润庄稼，还能冻死地里的害虫，有利于农作物的生长。因此，民间有“瑞雪兆丰年”的说法。

冬季田野上气温很低，天气很干，不利于作物越冬，下雪则能使作物在0℃附近的环境中生长，来年获得好收成。因此，民间有“冬季雪满天，来岁是丰年”“冬雪是个宝”的说法。

雪是天空中的水汽经凝华（水汽直接变成冰晶）而来的固态降水。冬季，我国许多地区的降水是以雪的形式出现的。

299 为什么下雪不冷化雪冷？

在我国北方地区的人们都有这种体验，那就是下雪不冷，雪融化时却很冷。水汽变成雪花时，是要放出一定热量的，所以下雪时不是很冷；可是雪在融化成水时，需要吸收空气中的热量，所以温度会降低，人们就感觉冷了。

300 雪花为什么是白色的？

我们看见的雪都是白色的，而且洁白得刺眼。其实，雪花是没有颜色的，是透明的。但是由于雪花表面是凹凸不平的，光线照在它上面就会不断发生折射和反射，再加上大量的雪花堆在一起，所以看起来就是白色的了。

301 雪花都是六角形的吗？

看似一样的雪花，其实有很多种造型——柱形、片形、扇形、星形、枝形等多种形状。虽然形状不一样，但雪花基本上都是六角形的，这是因为水汽爱粘冰晶的角的缘故。冰晶从高空往下落的过程中，小冰晶的角会因为不断粘上水汽而长大，成为六角形。

302 为什么高山上的积雪不易融化？

高山上空气稀薄，热量很容易散失掉。高山上的温度很低，冰雪堆积在那里，即使被阳光强烈照射，也不容易融化掉，再加上雪对光热的反射率很强，使山上的温度降得很低，就更不容易融化了。

303 自然界有彩色的雪吗？

我们平时见到的雪都是白色的，其实，雪也有彩色的。在我国西藏、德国和南极等地，就曾经下过红色的雪；我国内蒙古下过黄色的雪；北冰洋下过绿色的雪；更令人不可思议的是，意大利和瑞典竟然下过黑色的雪。彩色雪的出现，与当地的环境、空气中含有的污染物的颜色有极大关系。

304 夏天也会下雪吗？

元代剧作家关汉卿在《窦娥冤》中写道：窦娥蒙冤被斩之后“血溅白练，六月飞雪，三年大旱”。其实，在现实中确实曾发生过“六月飞雪”，只是比较罕见而已。夏季下雪，与人类对大自然的破坏有着一定的关系。也有专家认为，这与可导致气候异常的太阳活动、洋流变化、火山爆发等因素有关。

305 风是怎样形成的？

地球表面的各个地方，因为地表性质不同，温度也有高有低。这样，气温高的地方空气受热膨胀会上升，气温低的地方的空气就会补充过去，这样空气一流动，便产生了风。空气流动得越快，风吹得越起劲，所以风有时刮得大，有时刮得小。

306 风的形成都受哪些因素影响？

风的形成主要受两大因素影响：一是地球的自转和公转，二是地理环境。地球自转和公转可以使气流发生变化，形成风，这叫作行星风系；地理环境不同，受太阳光照射的角度不同，在地面获得的热量就存在差异，由此也会形成风，这叫作地方性风，如海陆风、山谷风、高原季风。

307 为什么我国大部分地区夏季多刮东南风?

我国东南部濒临大海，西北部是大陆内侧。夏季时，大陆的气温高，海洋的气温低，所以大陆上的热气上升，海洋上的气流流向大陆，就形成了东南风。

308 为什么水面上风比较大?

这是因为水面上没有遮挡物，空气没有受到阻力和约束，流动的速度就会比较快。而陆地的地面粗糙，地形起伏不平，有很多树木和建筑物阻碍了空气的移动，所以风力在陆地上要比在水面上小一些。

309 沿海地区经常刮的台风是怎样形成的？

夏季，海面上气候又热又潮湿，空气不停地向高空上升，使得海面上空形成低气压区，周围的空气会不断补充进来。受热以后上升的热空气，在高空遇冷凝结成水珠并放出热量，使得海面上的空气加速上升，周围海面上的空气加速补充过来。由于地球自转作用，急速流动的气流出现旋转，成为气旋，台风就这样产生了。

310 台风和飓风是一回事吗？

台风和飓风是一回事，都是发生在热带洋面上的强烈热带气旋，只是发生地点不同，叫法不同。在北太平洋西部、国际日期变更线以西，包括中国南海范围内发生的热带气旋称为台风；而发生在大西洋或北太平洋东部的热带气旋则称飓风。也就是说，在美国一带称飓风，在菲律宾、中国、日本、东亚一带叫台风。

311 龙卷风是什么样的？

龙卷风是一种威力无比的旋风，看上去就像一个巨大的漏斗，从云端一直延伸到地面，远观像一条巨大的黑龙，它是由积雨云形成的。夏季，地面的温度很高，而积雨云中的温度很低，因为温差太大，导致地面附近的气压与空中的气压相差很大，形成了强烈的空气旋涡。当旋涡的转速越来越快时，一个不断伸长的龙卷风就形成了。

312 龙卷风为什么破坏力那么强？

龙卷风可以说是地球上最危险的旋风，它的风力特别大，中心附近的风速可达 100~200 米 / 秒。如此快的速度，使得它具有极强的破坏力。它所经之处，常会发生大树被拔起、车辆被掀翻、建筑物被摧毁等现象。有时，它还会把人吸走，危害十分严重。

313 为什么称美国为“龙卷风之乡”？

美国是世界上出现龙卷风次数最多的国家，每年都会出现1000~2000 次，因此被称为“龙卷风之乡”。美国东濒大西洋，西靠太平洋，南面又有墨西哥湾，大量的水汽不断从东、西、南面流向美国大陆。水汽多，积雨云就容易形成并发展。当积雨云发展到一定强度后，就会产生龙卷风。

314 为什么很难预防龙卷风？

龙卷风的影响范围一般不大，通常直径在十几米到数百米之间；另外，它存在的时间很短，一般只有几分钟，最长不超过半小时。龙卷风发生后，从气象雷达上很难清晰地辨别出来，再加上龙卷风很快就会消失，所以目前没有任何有效措施可以预防龙卷风。

315 天空为什么是蓝色的？

晴朗无云的天空是蔚蓝色的，像碧波万顷的大海一样。其实，大气本身是无色的，之所以会显出颜色是因为阳光的缘故。阳光是由 7 种色彩单一的光组成的混合光，其中的红、橙、黄、绿光因为透射能力强，可以穿过大气射向地面，而蓝、靛、紫光的透射能力很弱，碰到大气分子、冰晶、水滴等时，很容易发生散射，因而布满天空，使天空呈现出了蔚蓝色。下过雨后的天空会显得格外蓝，这是因为经过雨水的洗刷，大气比较纯净的缘故。

316 为什么会有彩虹？

夏天下过雨后，天空中常会出现一道美丽的彩虹。彩虹是由红、橙、黄、绿、蓝、靛、紫 7 种颜色组成的。彩虹其实反映了阳光真实的颜色。看起来白色的阳光其实是由 7 种颜色的光组合而成的，它们经雨后滞留空中的小水滴折射，便分散开来，这样，人们就看见了七色彩虹。

彩虹其实并非出现在半空中的特定位置上。它是观察者看见的一种光学现象，它看起来的所在位置，会随着观察者的位置而改变。当观察者看到彩虹时，彩虹的位置必定是在与太阳相反的方向上。

317 冬天为什么不容易出现彩虹？

彩虹经常在夏天雨过天晴的时候出现，而在冬天很少见。这是因为冬天大多下雪，就算是下雨，也不会很大，而且因为气温低，水汽蒸发得比较慢，空中不会像夏天雨后那样有充足的小水滴，所以不容易出现彩虹。

318 霞是怎样形成的？

在日出或日落前后，由于太阳光是斜射过来的，阳光在穿过厚厚的大气层时，经过空气中的水汽、杂质等散射，其中波长较长的黄光、橙光和红光由于散射损失不多，能够穿过大气，所以使天空看起来带上了红色。大气中含的水汽越多，霞的颜色就越红。

319 为什么会出现极光？

极光是在高纬度地区，高空中大气稀薄的地方出现的一种光现象，通常呈弧状、带状或幕状，微弱时显白色，明亮时为黄绿色，有时还带有红、灰、紫、蓝等颜色。太阳释放出的带电粒子流（即太阳风）射向地球后，受地球磁场的影响，被吸到两极附近，与高空大气发生摩擦，制造出绚丽的光芒，极光便出现了。

320 什么是光晕？

光晕是一种包围在日、月外围的光环。环绕在太阳周围的叫日晕，从里到外颜色依次是红、橙、黄、绿、蓝、靛、紫。环绕在月亮周围的叫月晕，大都是白色的，这是因为月光比较弱的缘故。

321 为什么说“日晕雨，月晕风”？

晕的出现，预示着天气要有变化。这是因为，形成晕的卷层云是一种降雨云系的前部，接着会出现高积云和高层云，再发展下去会成为雨层云，就要下雨了，而且常伴有大风。一般出现日晕下雨的可能性大，而出现月晕则多是刮风。

在空中出现高楼大厦幻景的海市蜃楼现象

322 海市蜃楼是怎样形成的？

在平静无风的海面、湖面或沙漠上，有时眼前会突然耸立起亭台楼阁、城郭古堡，或者其他物体的幻影，虚无缥缈，变幻莫测，这就是海市蜃楼。海市蜃楼现象主要是由空气密度反常引起的。正常情况下，大气密度是随高度的增加而减小的，当空气温度在垂直方向上反常时，这个方向上的空气密度就会发生变化，引起不同寻常的折射和反射，从而出现海市蜃楼。

323 佛光是什么样的？

佛光其实是一种光的自然现象，是通过阳光照射在云雾表面所引起的衍射和漫反射作用形成的。佛光看上去是一个七彩光环，人影在光环正中，而且影随人而动。

大气污染的产生有自然因素（如森林火灾、火山喷发等）和人为因素（如工业废气、生活燃煤、汽车尾气、核爆炸等）两种，且以后者为主，尤其是工业生产和交通运输产生的废气。

324 为什么说大气污染很可怕？

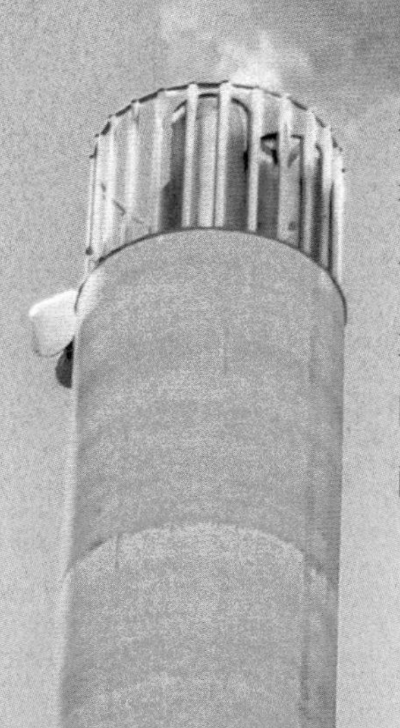

空气是宝贵的资源之一，如果它受到污染，就会在大范围内对人体健康、动植物生长发育、工农业生产、社会财物及全球环境等造成大危害。对人体来说，大气污染轻则诱发病变，重则致人死亡；对动植物来说，大气污染轻则引起种群数量减少，重则导致敏感种群的灭绝；对全球环境来说，大气污染将引起地球变暖、酸雨和臭氧层的破坏。因此，我们说大气污染很可怕。

在一般情况下，空气污染每天有两个高峰期，一个为日出前，一个为傍晚。实验研究证明，每天上午10点与下午3点左右为两个相对最佳期，空气质量较好。

325 为什么说早上和晚上的空气最脏？

大家都觉得早上起床后可以呼吸新鲜空气，其实早上 7 点和晚上 7 点是空气污染最严重的时候。一些工厂和车辆排放出来的废气使空气污染很严重，而晚上和早上的气温比较低，这些污染物不容易向高空扩散，所以空气很不新鲜。

326 全球气候在不断变暖吗？

近一百多年来，全球平均气温经历了冷 – 暖 – 冷 – 暖两次波动，但总的趋势是在不断变暖。20 世纪 80 年代后，全球气温明显上升，气候在变暖。全球变暖的危害很大，会使全球降水量重新分配，冰川和冻土消融，海平面上升等，既危害自然生态系统的平衡，也威胁人类的食物供应和居住环境。

327 为什么说全球变暖是温室效应增强引起的？

温室效应是指大气保温效应，即大气中二氧化碳、甲烷等气体含量增加，使地表和大气下层温度增高。随着世界工业和生产的飞速发展，以及煤、石油和天然气等含碳燃料的大量燃烧，空气中二氧化碳等温室气体的含量在不断增加。温室气体会大量吸收红外光，使地球获热增加，由此导致全球变暖。

温室效应本是一种正常的自然现象，然而近年来，人类活动导致温室气体浓度迅速增加，致使温室效应加剧，全球变暖步伐加快。

328 南极上空的臭氧洞是怎么回事?

1984年，英国科学家首次发现南极上空出现臭氧层空洞。据美国国家航空航天局呈报的数据：2000年9月，南极上空的臭氧层空洞面积已扩大到2830万平方千米。臭氧缺失会导致阳光中的紫外线辐射增强，这对生命非常不利。科学家研究发现，是现代化工业中大量排放的氟利昂类物质进到臭氧层后，破坏了臭氧层，致使臭氧数量剧减。由此，氟利昂被禁用，代用品获得推广使用。通过整治，目前的数据显示，臭氧洞正在减小，但仍不能过于乐观。

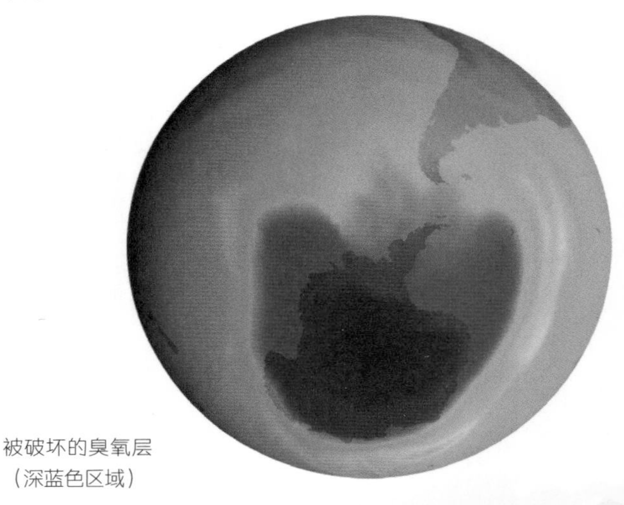

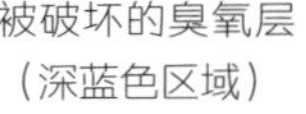

被破坏的臭氧层

（深蓝色区域）

329 酸雨是怎么回事？

简单地说，酸雨就是酸性的雨。由于工业发展，大量含有氮和硫的废气排到空气中，与空中的水滴相结合，最后随雨降下来，给人类带来多方面的严重危害。酸雨能腐蚀金属和建筑物，破坏房屋和桥梁等；还能使地面上的植物枯萎、死亡；降落到河、湖中，会使河里的生物大量死亡；另外还能导致很多疾病发生。

我国的酸雨主要是因大量燃烧含硫量高的煤而形成的。弱酸性降水可溶解土壤中的矿物质，供植物吸收。如果酸度过高，就会产生严重危害，可以直接导致大片森林死亡，农作物枯萎。

330 城市的气温比郊区的高会造成哪些不利影响？

城市的人口密度大，建筑物多，车辆多，工业发展快，人为释放的热量多，而且热量很难向外扩散。在这些因素的共同作用下，城市的温度就会比郊区高出好几摄氏度，这就是“城市热岛”效应。城市热岛是以市中心为热岛中心，有一股较强的暖气流在此上升，而郊外上空相对冷的空气下沉，这样便形成了城郊环流。空气中的各种污染物在这种局地环流的作用下聚集在城市上空，如果没有很强的冷空气，城市空气污染将加重，从而引发各种疾病。

图书在版编目（CIP）数据

你不可不知的十万个地球之谜 / 禹田编著 . 一昆明：晨光出版社，2022.3（2023.5 重印）

ISBN 978-7-5715-1315-3

Ⅰ. ①你… Ⅱ. ①禹… Ⅲ. ①地球 - 儿童读物 Ⅳ. ① P183-49

中国版本图书馆 CIP 数据核字（2021）第 225370 号

NI BUKE BUZHI DE SHIWAN GE DIQIU ZHI MI

你不可不知的十万个地球之谜

禹田 / 编著

出 版 人 杨旭恒

选题策划 禹田文化
项目统筹 孙淑婧
责任编辑 李 政 常颖雯
项目编辑 张 玥 石翔宇
装帧设计 尾 巴

出 版 云南出版集团 晨光出版社
地 址 昆明市环城西路 609 号新闻出版大楼
邮 编 650034
发行电话 （010）88356856 88356858
印 刷 鑫海达（天津）印务有限公司
经 销 各地新华书店
版 次 2022 年 3 月第 1 版
印 次 2023 年 5 月第 2 次印刷
开 本 170mm×250mm 16 开
印 张 11.25
字 数 135 千
ISBN 978-7-5715-1315-3
定 价 29.80 元